U0221820

木上花开
Flowers on Mind

策划·视觉

制盐术

盐的契约永远有效。

『十三五』国家重点出版物出版规划项目

制盐术

中国古代重大科技创新

中国科学院自然科学史研究所 总策划

陈朴 仝晓斌 主编

朱珠 施威 著

湖南科学技术出版社

图书在版编目（CIP）数据

制盐术 / 朱珠，施威著 . — 长沙 ：湖南科学技术出版社，2020.11
（中国古代重大科技创新 / 孙显斌，陈朴主编）
ISBN 978-7-5710-0528-3

Ⅰ．①制… Ⅱ．①朱… ②施… Ⅲ．①制盐－技术史－中国－古代
Ⅳ．① TS3-092

中国版本图书馆 CIP 数据核字（2020）第 047311 号

中国古代重大科技创新
ZHIYANSHU
制盐术

著　　者：朱　珠　施　威
责任编辑：李文瑶　林澧波
出版发行：湖南科学技术出版社
社　　址：长沙市湘雅路276号
　　　　　　http://www.hnstp.com
印　　刷：雅昌文化（集团）有限公司
　　　　　（印装质量问题请直接与本厂联系）
厂　　址：深圳市南山区深云路19号
邮　　编：518053
版　　次：2020年11月第1版
印　　次：2020年11月第1次印刷
开　　本：787mm×1092mm　1/16
印　　张：10
字　　数：80千字
书　　号：ISBN 978-7-5710-0528-3
定　　价：48.00元

中国有着五千年悠久的历史文化，中华民族在世界科技创新的历史上曾经有过辉煌的成就。习近平主席在给第 22 届国际历史科学大会的贺信中称："历史研究是一切社会科学的基础，承担着'究天人之际，通古今之变'的使命。世界的今天是从世界的昨天发展而来的。今天世界遇到的很多事情可以在历史上找到影子，历史上发生的很多事情也可以作为今天的镜鉴。"文化是一个民族和国家赖以生存和发展的基础。党的十九大报告提出"文化是一个国家、一个民族的灵魂。文化兴国运兴，文化强民族强"。历史和现实都证明，中华民族有着强大的创造力和适应性。而在当下，只有推动传统文化的创造性转化和创新性发展，才能使传统文化得到更好的传承和发展，使中华文化走向新的辉煌。

创新驱动发展的关键是科技创新，科技创新既要占据世界科技前沿，又要服务国家社会，推动人类文明的发展。中国的"四大发明"因其对世界历史进程产生过重要影响而备受世人关注。

但"四大发明"这一源自西方学者的提法，虽有经典意义，却有其特定的背景，远不足以展现中华文明的技术文明的全貌与特色。那么中国古代到底有哪些重要科技发明创造呢？在科技创新受到全社会重视的今天，也成为公众关注的问题。

科技史学科为公众理解科学、技术、经济、社会与文化的发展提供了独特的视角。近几十年来，中国科技史的研究也有了长足的进步。2013 年 8 月，中国科学院自然科学史研究所成立"中国古代重要科技发明创造"研究组，邀请所内外专家梳理科技史和考古学等学科的研究成果，系统考察我国的古代科技发明创造。研究组基于突出原创性、反映古代科技发展的先进水平和对世界文明有重要影响三项原则，经过持续的集体调研，推选出"中国古代重要科技发明创造 88 项"，大致分为科学发现与创造、技术发明、工程成就三类。本套丛书即以此项研究成果为基础，具有很强的系统性和权威性。

了解中国古代有哪些重要科技发明创造，让公众知晓其背后的文化和科技内涵，是我们树立文化自信的重要方面。优秀的传统文化能"增强做中国人的骨气和底气"，是我们深厚的文化软实力，是我们文化发展的母体，积淀着中华民族最深沉的精神追求，能为"两个一百年"奋斗目标和中华民族伟大复兴奠定坚实的文化根基。以此为指导编写的本套丛书，通过阐释科技文物、图像中的科技文化内涵，利用生动的案例故事讲解科技创新，展现出先人创造和综合利用科学技术的非凡能力，力图揭示科学技术的历史、本质和发展规律，认知科学技术与社会、政治、经济、文化等的复杂关系。

另一方面，我们认为科学传播不应该只传播科学知识，还应该传播科学思想和科学文化，弘扬科学精神。当今创新驱动发展的浪潮，也给科学传播提出了新的挑战：如何让公众深层次地理解科学技术？科技创新的故事不能仅局限在对真理的不懈追求，还应有历史、有温度，更要蕴含审美价值，有情感的升华和感染，生动有趣，娓娓道来。让中国古代科技创新的故事走向读者，让大众理解科技创新，这就是本套丛书的编写初衷。

全套书分为"丰衣足食·中国耕织""天工开物·中国制造""构筑华夏·中国营造""格物致知·中国知识""悬壶济世·中国医药"五大板块，系统展示我国在天文、数学、农业、医学、冶铸、水利、建筑、交通等方面的成就和科技史研究的新成果。

中国古代科技有着辉煌的成就，但在近代却落后了。西方在近代科学诞生后，重大科学发现、技术发明不断涌现，而中国的科技水平不仅远不及欧美科技发达国家，与邻近的日本相比也有相当大的差距，这是需要正视的事实。"重视历史、研究历史、借鉴历史，可以给人类带来很多了解昨天、把握今天、开创明天的智慧。所以说，历史是人类最好的老师。"我们一方面要认识中国的科技文化传统，增强文化认同感和自信心；另一方面也要接受世界文明的优秀成果，更新或转化我们的文化，使现代科技在中国扎根并得到发展。从历史的长时段发展趋势看，中国科学技术的发展已进入加速发展期，当今科技的发展态势令人振奋。希望本套丛书的出版，能够传播科技知识、弘扬科学精神、助力科学文化建设与科技创新，为深入实施创新驱动发展战略、建设创新型国家、增强国家软实力，为中华民族的伟大复兴牢筑全民科学素养之基尽微薄之力。

2018 年 11 月于清华园

　　盐——这一曾经异常珍贵的物品，在人类社会发展史上扮演着极其重要的角色。A. H. 恩格明斯认为："盐在人类历史上占有独特的地位：为了盐曾发生过多次战争，有些王朝因得到了盐而得以建立，另一些王朝因得不到盐而崩溃，甚至人类文化也是在盐产地周围发展起来的。"《圣经》则将盐视为圣物，称之为"生命之盐"，"盐的契约永远有效"。

　　两千年来，人们不断探寻新的能够适应气候和地形的制盐方法和途径，并逐渐发展成为一个有机的技术体系。近代以来，科技发展使盐的沉析工艺愈发简化，盐逐渐成为一种廉价且易得的产品，这就对传统制盐业构成了巨大威胁。如今，那些幸存下来的传统制盐技艺已成为珍贵的活态遗产。在中国，文化多样性、纬度以及卤水浓度等因素决定了制盐技艺的演进路径，形成了丰富多样的盐文化形态，诸如自贡的井盐文化、青海的湖盐文化、沿海地区的海盐文化等。它们表现出各自不同的物质、

盐

形态与制式，但无一例外都蕴含着中华民族特有的群体气质、思维方式和文化精神。

习近平总书记指出："深入挖掘中华优秀传统文化蕴含的思想观念、人文精神、道德规范，结合时代要求继承创新，让中华文化展现出永久魅力和时代风采。"今天，盐已从生存物质层面上升到精神乃至价值层面，成为地域或民族文化的一种原色。在加强非物质文化遗产保护与传承的大背景下，从制盐技艺入手，沿着科技史和文化学的路径，辨识、探究盐文化的精神内涵和社会价值，对于继承和发扬优秀传统文化，增强民族自信心和凝聚力具有重要而深远的意义。

改革开放以来，各界对于传统工艺研究的热情趋于高涨，涌现出一系列以饮食、制盐、酿造等为主体的学术专著和论文，为世界留下了一份份真实而科学的记录。保护传统科技文化时不待我，为了能让公众（特别是青少年群体）在自媒体碎片化时代更直观、更便捷地了解传统工艺，我们在参考相关学术著作的基础上，以科普视角梳理了中国古代制盐术的起源、发展及其与社会文化的互动关系，希望给读者带来耳目一新的阅读感受。

目录
CONTENTS

第一章 传说中的制盐技术起源			
	池盐	蚩尤血化为盐池	0 0 1
			0 0 2
		麒麟造盐池	0 0 3
			0 0 5
		神生造盐池	0 0 9
	海盐		0 1 2
		海盐生产鼻祖——夙沙氏	0 1 2
		孙悟空盗盐砖	0 1 5
		詹打鱼煮盐	0 1 7
	井盐		0 1 9
		廪君与盐水女神	0 2 1
		白鹿引泉	0 2 3
		『梅泽凿井』	0 2 6
		牧羊女	0 2 7

第二章 先秦时期原始制盐术			
	古老的制盐工艺		0 3 1
	凿井采卤制盐	『盐蛋』传说	0 3 2
			0 3 5
			0 3 6
	岩盐的制取		0 3 8

第**五**章 明清制盐技术的革命性变化	垦畦成盐变自然成盐	顿钻法的原理	0 8 2
			0 8 3
	钻井技术臻于成熟	凿井工艺的程序化	0 8 7
		固井技术提高与井身结构改进	0 9 4
		应运而生的修治井技术	0 9 8
		明清煮盐产业的发展	1 0 4
	海盐晒制技术推广	明代海盐晒制技术	1 0 6
		清代海盐晒制技术	1 1 0
			1 1 4
第**六**章 近现代制盐技术	民国时期制盐技术	精盐制造工艺的出现	1 1 4
		传统盐业生产技术的进步	1 1 6
	新中国成立以来的技术变革	食盐精细化和食盐加碘	1 1 9
		发展盐化工生产	1 2 0
			1 2 0
			1 2 5
			1 3 4
			1 3 6
参考文献			1 4 0
后记			1 4 3
			1 4 4

第三章　汉唐时期制盐术

采卤效率提高	采用楼架安装定滑轮取卤	0 4 1
	大车取代辘轳滑车	0 4 2
煮盐技术的发展	海水煮盐技术	0 4 6
	天然气的使用	0 4 8
凿井技术的发展	盐井数量增多	0 4 8
	井深增加与单井产量增长	0 5 0
刺土成盐法和垦畦营种法	「厨神」詹王的典故	0 5 3
	垦畦营种法	0 5 3
	刺土成盐法	0 5 5

第四章　宋元时期盐业生产与技术突破

引潮工程和晒盐技术	《熬波图》及其主要价值	0 5 5
	「煮海成盐」技术改良	0 5 7
顿钻法的发明	卓筒井的诞生及意义	0 5 8
		0 6 3
		0 6 8
		0 6 8
		0 7 1
		0 7 4
		0 7 4

池盐 · CHIYAN

海盐 · HAIYAN

井盐 · JINGYAN

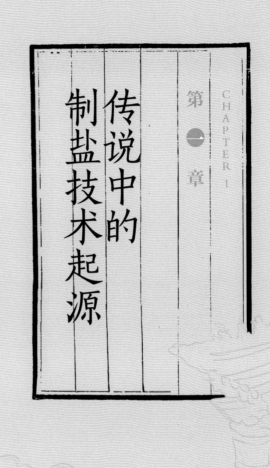

第一章　CHAPTER 1

传说中的
制盐技术起源

中华民族历经五千余年，拥有丰富而辉煌的精神文化遗产，其中有不少关于食盐起源的自然神话传说和食盐被开发利用的人文神话传说。它们用丰富的想象、夸张的手法记录着制盐历史发展的轨迹，展示着食盐生产经营管理者的追求和理想，赞美着劳动者勤劳勇敢的品质和不屈不挠的精神。神话传说见证了制盐历史之久远、制盐文化的丰富内涵。

池盐

池盐也称湖盐，是中国最早发现并利用的自然盐之一。其产地在晋、陕、甘等广大西北地区，其中最著名的是山西运城的解池。关于运城解池的文字记载最早可上溯到 5000 多年前"炎黄"时期，而在民间也流传着不少关于池盐的神话传说，有麒麟造盐池、神牛造盐池，而黄帝战蚩尤其血化盐池的神话传说，则是古代文献典籍中最早的关于盐池形成的神话传说。

蚩尤血化为盐池

远古时代，南方九黎部族的首领名叫蚩尤，和炎帝本属同一部落，他有 81 个兄弟，个个生得铜头、铁额、石颈，而且身子极像猛兽，有八肱八趾，手像虎爪，掌有威文，凶恶无比。甚至飞空走险，无所不能，抟沙为饭，以石作粮。

但炎帝能力薄弱，没有办法制伏他，便封他做个卿士，管理百工之事。谁知蚩尤贪得无厌，不安居于南方一隅，不久便带兵攻打炎帝，炎帝战败弃了帝位，逃到涿鹿。蚩尤于是袭位称帝，行起封禅之礼来。

当时黄帝在有熊，德高望重，其他诸侯和炎帝都归命于他。黄帝为了用威信去感化别的诸侯，只好和蚩尤打仗。但蚩尤的兵器都是极犀利的赤金铸成，黄帝的兵器却只是些竹木巨石之类，而且蚩尤又善变幻之术，待到危急之时，或暴风扬沙，或急雨倾盆，或大雾弥漫，或浓云笼罩。黄帝招架不住，与蚩尤九战九败。一日，黄帝战败退于泰山脚下，他心中焦虑加上连日战争劳累，便仰天长叹。而这几声长叹，让天上的西王母非常感动，她便派遣九天玄女下凡，授黄帝兵法，教他打制兵器，最终帮助黄帝制伏了暴虐的蚩尤氏。

《史记·五帝本纪》中曾载："轩辕之时，神农氏世衰，诸侯相侵伐，而神农氏弗能征。于是轩辕乃习用干戈，以征不享，诸侯咸来宾从。蚩尤最为暴，莫能伐，于是黄帝乃征师诸侯，与蚩尤战于涿鹿之野，擒杀蚩尤。"

盐

1-1-1

蚩尤血化为盐池

黄帝将蚩尤斩杀于中冀，又将尸体肢解，身首异处。而蚩尤的血则流入盐池，化为卤水，供人们食用。后人就把这个地方取名为"解"，盐池则叫"解池"。

《太平御览》七九引《龙鱼河图》："蚩尤兄弟八十一人，并兽身人语，铜头铁额。"

《孔子三朝记》："黄帝杀之（蚩尤）于中冀，蚩尤肢体身首异处，而且血化为卤。则解之盐池也。因其尸解，故名其地为解。"

《梦溪笔谈·辨证一》载："解州盐泽方圆二十里。久雨，四山之水悉注其中，未尝溢；大旱未尝涸，卤色正赤，在版泉之下，俗俚谓之为蚩尤血。"

麒麟造盐池

　　传说在上古时期，盐由上天垄断，人类吃不上盐，个个无精打采，面黄肌瘦，没有一点精气神儿。玉皇大帝便起了恻隐之心，下旨把一只犯了错的盐麒麟打下凡间。盐麒麟在空中飘了很久，最终占据了黄河龙门河口一块乱石滩。但当地人见麒麟长得似驴非驴，似马非马，怪模怪样，都以为是哪里来的妖怪，便拿起棍棒和石头追砸。盐麒麟想到自己在天宫和人间，都遭受了不公平的待遇，不禁落下难过的眼泪，于是就有了今天河津龙门河口盐碱滩的麒麟岛。

受了伤的盐麒麟慢慢地往南走，实在走不动了，就在万荣张瓮村门口卧了好几天，村民不知是何怪物，便召集许多人用扁担把它打跑了。麒麟负伤后跑到南山脚下，实在跑不动了，就卧在那里撒了泡尿，那地方就变成了白花花的盐池。张瓮人知道后非常后悔，就在麒麟曾经卧过的地方挖了个池泊，名叫麒麟池。这就是"担打麒麟四张瓮"的传说。

之后，伤心落魄的盐麒麟继续向南走，走得筋疲力尽的时候，又被高大的中条山挡住了去路，只好卧在山脚下休息。玉皇大帝知道后，心里特别难受，又动了恻隐之心，就让中条山上的风伯，给它吹吹风消消汗，又让万荣县孤峰山的雨师给它下雨洗个澡。不幸的是，风伯雨师一吹一淋就是七七四十九天。结果盐麒麟在风雨中不仅走不出来，还融化在了里面，变成了盐池，这便是著名的运城盐池。

◀

1-1-3

唐河东盐池灵庆公神祠颂碑

说明 唐贞观十三年（639年），崔敖撰，韦纵书并篆刻，宗颜鲁公，圆润刚健。碑在陕西运城舜帝陵。

6 0 0

神牛造盐池

另一个神话传说与之类似：据说很早以前，无论在天宫还是在人间，盐都非常稀缺珍贵。天宫里的一头神牛却把玉皇大帝的盐偷吃了，玉帝大发雷霆，就将神牛贬到人间让其受苦。神牛来到人间，先后去过中原大地、江南水乡、塞外高原，它想寻找一个地方，为人类造一个盐池。但是，这些地方的农人、渔夫、牧民都不理解它，都不愿意让它占据他们的农田、湖泊或牧场造盐池。后来，神牛来到黄河之滨的中条山下，这里的山民十分欢迎它，愿意让它落脚，于是，神牛最终就卧在中条山下，躯体化成了一个盐湖。

1-1-4

神牛化盐池

　　神话故事往往也能够反映出先民们的制盐状况。运城解池，它南临中条山，北滨峨嵋岭，东仰太行，西望大河。周围高，四周低，是天然形成的封闭型内陆湖。如此优越的自然制盐环境，使得早期的池盐生产方式主要为天日自然晒盐。

　　阳光充足又赖于风力，含有盐分的卤水经过风吹日晒达到饱和浓度，自然结晶为盐粒，不需要人工晒制。先民们感念上天给予的恩惠，便有了麒麟、神牛造盐的故事。而无论是麒麟还是神牛，都像希腊神话中的天神普罗米修斯一样伟大，将天宫的盐带至人间，自我牺牲，造福人类。从中，我们也能看到原始先民对盐的态度，食盐来之不易，是用辛勤的汗水和辛酸的眼泪换来的，需要我们珍惜。

海盐

海盐是最早被人类开发利用的盐种，时间可追溯到距今 5000 年前的"五帝"时代。海盐的神话传说最具代表性的是宿沙煮海为盐、孙悟空盗盐砖、詹打鱼煮盐等。

海盐生产鼻祖——夙沙氏

翟子，传说是远古炎帝时人，居住在今胶东半岛的部落里。他天性活泼，聪明伶俐，勇敢坚强。不幸的是，翟子的母亲和族人在一次狂风暴雨中，被海里的恶龙夺去了生命。翟子悲痛欲绝，为了报仇，他决定把大海煮干以制伏海中的恶龙。

以后，翟子每天清晨都用陶罐舀海水来煮。时间长了，翟子发现每次海水煮干后，罐底总会留下一些白色、黑色、红色、黄色、青色的颗粒。翟子反复观察思索，原来柴草在燃烧时，烟灰裹在蒸汽之中沉入罐底，形成不同颜色的颗粒。红松木柴煮出红颗粒，芦苇煮出白颗粒，青枫木煮出青颗粒……翟子和族人品尝之后，发现它们都有咸涩的味道而且美味无比，就将这些颗粒起名为"龙沙"。

自此之后，部落首领安排大量人力专门煮海。又过了许多年，这个部落的首领年纪大了，便任命翟子担任首领。炎帝知道此事，详细询问翟子煮海夙兴宿眠的缘由后，为了褒奖这个从早到晚煮盐十分辛苦的部落，便封翟子所在的部落为"夙（宿）沙"。夙（宿）沙氏族的首领翟子则更名为"夙沙翟子"即"夙沙氏"，还被封为臣，专门负责煮海制盐。

夙沙氏煮海为盐，首创华夏制盐之先河，被尊为盐业鼻祖，史称"盐宗"。

《世本》："黄帝时，诸侯有夙沙氏，始以海水煮乳，煎成盐。其色有青、黄、白、黑、紫五样。"

1-2-1

"盐宗"夙沙氏（一）

1-2-2

"盐宗"夙沙氏（二）

说明　《太平寰宇记》曰："宿沙氏煮海，谓之'盐宗'，尊之也。以其滋润生人，可得置祠。"

盐宗庙供奉的夙沙氏、胶鬲和管仲塑像

孙悟空盗盐砖

传说，古时候，海水不是咸的。

孙悟空、唐僧一行人去西天取经，唐僧因孙悟空两次打死白骨精幻化成的人，便不由分说地将孙悟空撵回了花果山水帘洞。众猴孙见悟空回来，高兴地连忙设席为他接风洗尘，但饭菜却因为没有盐可用而没有滋味，而且好几个猴子都得了粗脖子病。孙悟空立时唤来土地神询问原因，原来，盐起初只有人间才有。玉皇大帝在东海边的九九喀拉山吃了以盐为作料的菜肴后，觉得鲜咸合口，比天上的龙肝凤胆还有味。他便觉得世间的普通人怎么能比自己还有福分呢？回天宫后，便命太阳神将地上的盐烤炼成两块盐砖，一块送给西天佛祖如来，一块自己留着。自此，人间就没有盐吃了。

孙悟空没等土地神说完，便提着金箍棒，一个筋斗云飞向天宫的灵霄宝殿，决心替百姓夺回食盐。悟空在玉帝厨师那里，看到确有一块四角方正、色似汉玉的盐砖。厨师每炒一菜，就用小刀在雪白的盐砖上刮点屑子放进锅里。孙悟空心中大喜，趁人不备，拔根毫毛，变作一块假盐砖，将真盐砖换了下来。

▶

1-2-4

《孙悟空偷盐砖》

悟空得了盐砖便跑，他想让天下的百姓们都吃到盐。便把金箍棒变作一把刀子，在空中一边驾云慢慢兜圈子，一边用刀子在盐砖上刮，盐屑子像雪花一样从天上飘落下来。玉帝很快发觉盐砖被换，就命天兵天将追赶。这时，悟空已到了东海上空，他知道剩下的半块盐砖已经来不及撒了，便心生一计将盐砖扔进东海里，托塔天王急令哪吒下去捞，但盐已经溶化在海水里了。

从那以后，海水一涨潮，就在海滩上留下咸水，经太阳一晒，就出现了一片白色的盐粒，百姓们把盐粒收起来，送到各地，大家便都有盐吃了。

詹打鱼煮盐

詹打鱼是常在渤海湾打鱼的渔民，一日，他在海滩上看见一只掉落的美丽凤凰，便想起前辈们常说的"凤凰不落无宝之地"。于是，他便将凤凰脚下的泥沙挖走并带回家，还放在灶台上当宝贝一样来供奉。

不过几日，泥沙块被灶火烤化后流进了菜锅里，詹打鱼一尝，发觉饭菜味道格外鲜美。受此启迪，他便常到海边挖泥块、煮海水，终于煮出了晶莹洁白的盐。当地百姓也逐渐掌握了海盐制法，便将詹打鱼尊为盐神。

1-2-5

詹打鱼煮盐

　　井盐是液体盐卤的通称，井盐开采约有4000多年历史。西周穆王时（前976年至前922年）的"免盘"上刻有铭文："锡兔卤百陴""免"为贵族人名，"陴"可释为"筐"。一次赏赐的自然盐（卤）就有"百陴"，说明西周对自然盐的开采和利用，在规模上已非常可观。但无法得知周天子赏赐的自然盐产于何处。东周初年的"晋姜鼎"也铸有铭文，曰："锡卤赉千两"，此鼎得之于韩城（今属陕西）。

　　从西周末和东周初的金文中有"卤"无"盐"的情况可以看出，当时在渭水流城、黄河中游，很少有经过人力加工过的盐，或者说在周天子直接统辖区内，"卤"或"鹽"还是最主要的"盐"。

1-3-1

"免盘"·【西周】

1-3-2

"晋姜鼎"铭文·【东周】

关于井盐的神话传说也随处可见，在这类神话传说中，最具代表性的有廪君与盐神、李冰穿广都盐井、张道陵开陵州盐井等。

廪君与盐水女神

井盐开发的时间相对于池盐、海盐来说较晚，但典籍记载中，有关廪君与盐水女神的神话传说却丝毫不逊色。

相传，巴氏族的务相是伏羲的后代，住在南方的武落钟离山。这座山中还有其他四个氏族即樊氏、覃氏、相氏、郑氏。但这五个氏族经常发生争斗，一些有威望的人便商定通过比赛推选五族首领。而务相则在五个氏族的比赛中脱颖而出，统一了部族。为了尊敬他，人们改称他为廪君。

一日，廪君带领部族来到富饶的盐阳，盐阳的盐水河女神对英勇的廪君十分爱慕，便向廪君告白："我们这里地方大，又盛产鱼和盐，希望你和你的部族留驻这里，不要再东奔西走了。"廪君虽为之心动，但考虑到盐阳地方太小，容纳不了他所有的部族成员，并婉言谢绝了女神的请求。

痴心的女神并不甘心，她化为细小的飞虫，飞舞在天空中。而山林水泽中许多同情盐水女神的神灵精怪，也一起变成小飞虫聚集在空中，一时间便遮天蔽日，挡住了廪君的去路。廪君几次相劝不成，不得已，派人给盐水女神送去一缕青色发丝，女神以为是定情之物，便束在腰间。

第二天早上，当她又变成小虫在天空飞舞时，发丝也随风摇曳。廪君忍痛搭箭朝发丝方向射去，女神受伤坠入盐水之中，随即沉没了。廪君最终率部族找到一块富饶肥沃的土地，经过几代人的努力，建成了一座雄伟美丽的城市，取名为"夷城"。

1-3-3

廪君与盐水女神

《山海经·海内经》载："西南有巴国，太昊生咸鸟，咸鸟生乘厘，乘厘生后照，后照始为巴人。"

《世本·氏姓篇》："盐水有神女谓廪君曰：'此地广大，鱼盐所出，愿留共居。'廪君不许。盐神暮辄来取宿，旦即化为飞虫，与诸虫群飞，掩蔽日光。"

白鹿引泉

重庆市巫溪县地处大巴山东段南麓小三峡大宁河的上游源头，是旅游胜地，"野人""悬棺""古栈道"等遗迹吸引了很多名人志士探寻谜踪。那些凿在悬岩峭壁之中的一个个小方孔——古栈道，其实就是远古时期运销盐的道路。

光绪十一年（1885年）版《大宁县志·盐井》载：

"北宋淳化二年（991年），大宁监雷悦创建龙池，于盐泉口安一石龙头，盐泉自龙头流出，注入石池，池前横置木板，上凿三十眼。"

南宋嘉定年间（1208—1224），大宁监孔嗣宗"创篾过虹横跨溪面"，用竹篾制成碗口粗的牵绳，绳的两端固定在两岸的石柱上，再把输卤的笕竹吊牵绳上，将北岸大宁盐泉龙池所出的卤水输往南岸，以解决南岸各灶的卤水供应问题，从此南岸也开始熬盐。

关于"白鹿引泉"有一个传说，先秦时有一袁姓猎人，常在大巴山里打猎。一天，袁氏在大巴山深处发现一只白鹿，但不忍射杀，便紧追不舍跟其进入一个山洞，猎人见山洞有泉水涌出，就用手捧喝，味咸微苦，他便知道这是盐泉。至此，人们在此置锅，用柴炭煎盐，渐渐人烟云集，形成了一个盐镇。

人们认为那只白鹿是龙，便在山洞口打造了一只龙头，让盐泉从龙口喷出，并取名为"白鹿引泉"，或曰"白龙泉"。而为了纪念猎人的功绩，盐镇取名为袁溪镇，即宁厂古镇的前身。

《舆地纪胜》卷一一八《大宁监》：

"白鹿往来于上下，猎者逐之，鹿入洞，不复见焉，因酌泉知味。"

光绪《盐源县志》卷十：

"见白鹿群游，尝其水而咸。"

1-3-4

白鹿引泉

1-3-5

白龙泉（上）

岩泉龙池·四川巫溪大宁（下）

"梅泽凿井"

历史上还有一则有关猎人与鹿的寻盐故事，传说在川南这片土地上有一个叫梅泽的猎人。梅泽几乎每天都会在同一个地点打到一只鹿，久而久之，这引起了他的注意。梅泽发现每只鹿在被猎之前都正在舔舐地面，出于好奇，他也捧起地上的泥土来尝，竟发现泥土是咸的。

于是，梅泽便在该地安家，打井取卤水，并把汲取的盐水熬制成盐，还教会了当地人们最初也是最简单的原始煮盐技术。梅泽死后，人们为了纪念这位打井取卤煮盐的鼻祖，把他供奉为井神，并修了井神庙。后因该地井盐产区的变更，盐商们集资捐款，于清道光年间将供奉梅泽的井神祠从富顺县迁到自流井盐场。

其实，人工开凿盐井，取食盐供人所需。这和两千年后我们的井盐生产，在本质上是完全一样的。梅泽不愧为井神！

南宋王象之《舆地纪胜》："梅本夷人，在晋太康元年，因猎，见石上有泉、饮之而咸，遂凿石至三百尺，咸泉涌出，煎之成盐，居人赖焉。梅死，官立为祠。"

牧羊女

据说，四川盐源——白盐井开发于西汉时期，历经隋唐五代，到宋代时由于战乱，此地已经荒无人烟。

元代时，一位少数民族牧羊的女子丢了一只羊，她四处寻找，最后在现在名叫沙湾的地方找到了。牧羊女很奇怪羊为什么总去河边吃草，便拨开一片草，发现下面竟是一片盐水。

自此重新发现了此处水脉，当地民众便又开始置牢盆煮盐，自贡盐业从此开始。盐区民众称该少女为玉女神，还建了雕像来纪念她。清代时她又被称为"开井娘娘"。

（清代）韋培源，曹永贤《盐源县志·人物·仙释》卷十："开山姥姥，塌耳山夷女，少韬晦不自修饰，誓不适人，年及笄，惟司牧羊之役。羊饮于此，迹之，见白鹿群游，尝其水而咸，指以告人，因掘井汲煎，获盐甚佳，而今日白盐井也。"

1-3-6

自贡牧羊女雕像

　　如上所述，所谓盐业神话传说，主要指内容含有盐业起源和由盐业生产开发而产生的一种文化现象。它包括不同时代、不同民族盐业生产经营者的生活面貌，风土人情，各个阶层人们的精神面貌和特征。不仅见证了盐业历史之古老，而且见证了盐业历史之真实。

　　其实，盐业神话传说中所蕴含的内容是十分丰富的。如从众多盐业地名的形成中，我们可以看到对家乡及食盐生产的热爱；从诸多动物觅食发现盐源中，反映出动物不仅需要食盐，而且永远是人类忠实的朋友；从众多盐业历史名人发明创造中，反映出盐业生产技术水平的演进；从由食盐引发的战争中，反映出食盐在民族政治经济中的杠杆作用；等等。

　　盐业神话传说用丰富的想象、夸张的手法记述着盐业历史发展的轨迹，展示着食盐生产经营管理者的理想和追求，表达着他们的要求和愿望，赞美了劳动者勤劳勇敢的品质和不屈不挠的斗争智慧。它是中华民族辉煌灿烂精神文化遗产的一个重要组成部分，值得我们每一个人去认真挖掘和研究。

1-3-7

青海湖西王母立像

说明 青海湖以西游牧部落"偶得盐水可饮，或岩可吼之处，必相与密集以依之"，尊西王母为首领。《山海经·西次三经》载："王母之国在西荒。凡得道授书皆朝王母于昆仑之阙。"

五步产盐法 · WUBU ZHIYANFA

凿井采卤制盐 · ZAOJINGCAILU ZHIYAN

岩盐的制取 · YANYAN DE ZHIQU

CHAPTER 2

第一章

先秦时期
原始制盐术

夏商及其以前，自然盐已被发现、开采和使用。商周之际或更早时代，在今山东地区，人工煮海水为盐也已出现。春秋和战国时期，盐业蓬勃发展，表现为食盐生产、运销活跃，盐的资源开发亦有新进展。这一时期，食盐业在经营管理上也进入一个新阶段，其最重要的标志是官府直接介入食盐产、运、销环节，形成食盐官营制度。

古老的制盐工艺

制盐的生产技术经历了长期的发展和演变。盐池最早的生产工艺是"天日曝晒，自然结晶，集工捞采"的自然产盐方式。春秋战国时期，河东盐池即现在的运城盐湖出现了"五步产盐法"，也叫"垦畦浇晒"。即通过"集卤蒸发、过'箩'调配、储卤、结晶、铲出"五个生产步骤产盐。

PART 1 壹

▶ 抽卤水到蒸发池中蒸发数天。
用"一步一卡"法,
借太阳辐射和风力进行自然蒸发。
蒸发过程中大量的白钠镁矾结晶
会形成硝板。

贰 PART 2

将硝板作为"箩",
利用水位差把卤水在硝板上过滤多次, ◀
这样硫酸根含量便会大大降低。
最后等待蒸发畦中的卤水析出大量白钠镁矾沉淀,
这一步骤是为了让卤水除杂和提纯。

叁
PART 3

▶ 将卤水送到储卤畦(海子),
为产盐生产做好准备。

结晶池的底就是平整的硝板。
在提送卤水前,要先往池中加入少量淡水,
这样可以使结晶出来的池盐与硝板的结合比较疏松, ◀
最终在铲盐过程中节省人力。
一般来讲,结晶时间春季为八天左右;
夏季为五至六天;秋季则需要十天左右。

肆
PART 4

伍
PART 5

▶ 用盐铲将盐从硝板上铲起,并成一堆。
至此,"五步制盐法"生产工序完成。

2-1-1

五步产盐法

这种制盐工艺相比于其他方法具有三大优点：

（1）操作方便：垦地为畦，人工晒盐；

（2）盐的质量得到了提高：晒制中，在卤水中搭配淡水；

（3）制盐效率提高：只要五六天就可以晒制一次盐。

这是河东盐池产盐工艺的重大创新，是盐业生产技术发展的重大进步，更是中国盐业生产史乃至世界盐业生产史的一个划时代的标志。

但这种古老的产盐工艺是用以师带徒的方式进行传承，露天制盐，异常艰辛，因此，很多年轻人都不愿意学习和继承，于是，这种"五步产盐法"的古老工艺正在面临失传的境地。为此，文化管理部门在2007年将"五步制盐法"确定为山西省非物质文化遗产，2014年列入国家级非物质文化遗产目录。希望更多的年轻人能够注意到这一制盐文化，并加入继承和保护传统制盐工艺的队伍。

"盐蛋"传说

　　清末,沙湖出了个翰林叫李绂藻,因为候"缺"住在翰林院。那时八国联军打进北京,慈禧带内侍人员西逃,路过翰林院时,见窗口竟还透出灯光,觉得非常奇怪,便命人将"困京"的李绂藻召来:"为什么别人都在逃难,只有你在此?"李绂藻见太后驾临,一直叩头:"臣李绂藻怎敢先老佛爷而出京城!"慈禧甚觉欣慰,便带着李绂藻一道逃到了西京,议和回京后,老佛爷就重用了忠心耿耿的李绂藻,李绂藻由此而发迹。

　　后来,李绂藻为讨主子欢心,便从家乡捎去一篓沙湖盐蛋献给太后。慈禧食用此蛋时,见金色的蛋黄中有一点红心,便用象牙筷去挑那红心,随即红心便浸入水中,即见油花荡漾。再挑红心入口,芳香扑鼻,其味醇久,令人难忘。慈禧连连称道:"好蛋!真是'一点珠'啊!"自此,"沙湖盐蛋一点珠"的名声便传播开来。

凿井采卤制盐

古代制盐中，井盐的生产工艺最为复杂。前文所说先民们因狩猎、牧羊等而发现并利用了自然地表卤水制盐。但在偶然的情况下，恰巧有地下水或者地下暗河从盐矿间流过，这些水就会充分吸收盐分，成为天然的卤水，直接挖井收集这些卤水，就可以开采食盐。历史上真正有目的地开凿盐井，从事井盐生产则是从李冰开始的。李冰是战国时期著名的水利专家，众所周知，他组织修筑了举世闻名的都江堰。可李冰开凿广都盐井，使四川成为中国井矿盐生产的发祥地，揭开了中国井矿盐生产的序幕的事迹，则鲜为人知了。

公元前 255—前 251 年，李冰担任蜀守，组织人民修筑都江堰，从此"水旱从人""沃野千里"，使川西平原成为著名的"天府之国"。一日，正在人们欢呼岷江疏通正式通航时，李冰看到一艘艘从吴国溯江上运的运盐船，但滩险水急，海损频繁，运费昂贵，盐贵如金。李冰突然想到之前治理的青衣江就是盐泉，蜀地肯定还有其他盐泉，若找到，蜀国人就可以自行制盐了。

在兴修水利配套水井的过程中，李冰又陆续发现了好几处盐泉，他凭借丰富的地理知识，最终选定在广都的平原与山地交接之处，一个最咸的水井下游开凿盐井。在凿井的过程中，李冰还发明了用蜀地盛产的慈竹固井的方法，经济实用又安全。战国晚期，冶铁业已传入巴蜀地区，更加锋利耐用的铁制工具已取代了青铜工具而占主导地位。因此，盐井很快就开凿成功了。这种盐井的特点是大口径、浅盐井。历时最久，长达 1200 多年，直到北宋时期发明了更加先进的卓筒井凿井技术，才被取代。并在井口安装起辘轳吸盐水，在井旁修起一排排灶房，砌灶安锅，伐薪举火，熬制白花花的盐巴。

《华阳国志·蜀志》："南安县……治青衣江会县溉，有滩……日盐溉，李冰所平也。""冰能知天文地理……又识齐水脉，穿广都盐井……蜀于是盛有养生之饶焉。"

2-2-1

古盐井陶器·四川忠县甘井沟古盐井遗址出土

岩盐的制取

岩盐又称为盐矿，实际上是地下深处的固体含盐岩层，是自然界中天然形成的食盐晶体，可以直接取之食用。上等品一般为无色透明或白色，有的会因混入一些金属化合物的杂质而呈现特殊的颜色。一般说来，岩盐主要由盐湖或盐池自然析出，这类岩盐广泛产于我国西北的广大地区如新疆、云南、西藏等地。那里的内陆湖星罗棋布，气候炎热，盐湖表面经常厚厚地凝结着晶莹剔透的岩盐。由于这些地区在古代属于胡人居住的地带，所以那里所产的岩盐统称为"戎盐"，也称"胡盐"或"羌盐"。早在秦汉之际，"戎盐"便从那里大量贩运到中原地区，成为我国食盐的主要来源之一。

有些盐湖蒸发之后，会在地表形成盐层。但有的盐矿里的盐通常埋得比较深，则需要通过挖竖井的方式才能找到。因此，古代岩盐的开采方式主要有两种：一是找到岩盐层后，开凿巷道，通过采矿的方式直接将含盐岩石采出，然后将岩石粉碎和溶解后提取盐分。二是开凿深井至含盐岩层，往地下泵水，让岩盐层在水中充分溶解，形成卤水，然后汲取卤水蒸发成盐。这种方式与井盐的生产工艺大致相同。

关于岩盐，有一个"大夏之盐"的典故。据说，秦始皇在一日用膳时觉得盐味太重，便问厨师用的是哪里的盐，厨师回答是少府的盐，秦始皇便问群臣："少府之盐分为北地花马池青盐和安邑白盐，天下之盐三分，两分出于齐，但少府为何不用齐地之盐？"

　　群臣面面相觑，倒是小时候过惯了苦日子的中车府令赵高笑道："陛下，花马池青盐出于边疆，色泽最佳，味道最正。而安邑古称大夏，大夏之盐，和之美也。此两者，最适王者调味。而齐产盐虽多，但多数味涩，若是煎煮不当，还有一股焦苦味，这是庶人黔首之盐，岂能入于陛下之口？"廷尉叶腾却说："这贵族天天吃盐习以为常，有时候还会觉得盐重，但对于贫穷的黔首而言，吃不吃盐却足以决定生死！"他还列举了齐国因治盐而能够雄霸一方的例子。秦始皇听毕感慨："虽是黔首之食，却是天下巨利。治大国如烹小鲜，诚哉斯言。"

　　由此可见，盐不愧为"国之大宝"，盐不仅是人们日常生活必需品之一，而且关乎国计民生。"有盐，民安康；有盐，国就富"。

　　《吕氏春秋·本味》云："和之美者，大夏之盐。"

◀

2-3-1

岩盐

采卤效率提高 · CAILUXIAOLV TIGAO

煮盐技术的发展 · ZHUYANJISHU DE FAZHAN

凿井技术的发展 · ZAOJINJISHU DE FAZHAN

刺土成盐法和垦畦营种法 · CITUCHENGYANFA HE KENQIYINGZHONGFA

第三章 CHAPTER 3

汉唐时期制盐术

从公元前 221 年秦国统一全国，直至公元 220 年东汉献帝禅位，秦、汉两大统一王朝共计有 440 年之久。在秦汉统一的专制主义中央集权下，盐业发展态势良好。西汉中叶以后，产盐区已经遍布全国各地，表明盐业生产力（包括技术和工艺）发展达到一定水平。除此之外，生产者地位、食盐运输、销售以及经营管理等方面都有了较大改善。

采卤效率提高

采用楼架安装定滑轮取卤

汉魏时期是我国井盐发展史上的开创阶段，从出土的东汉"盐井画像砖"以及居延汉简戍卒配给盐粮账籍，可洞悉巴蜀地区井盐生产的主要技术和工艺流程。

在井口安装辘轳吸盐水，并在井旁修一排排灶房，砌灶安锅，伐薪举火，熬制盐巴。在井口设一个双层卤楼架，楼架的顶端横木上有一个定滑轮，上面系着两边各有一个木桶的集卤绳。每层楼架上站立两人面对面进行工作，当左边上下两人合力向上提取卤水时，右边的上下两人则合力向下扯动绳索。在一边提起卤桶的同时，另一边即放入卤桶，相互交替，采汲卤水，提高了采卤的速度，当卤水提到顶层时，便倒入一个长方形容器内，输往灶房煎盐。

3-1-1

井盐生产画像砖 · 【汉代】

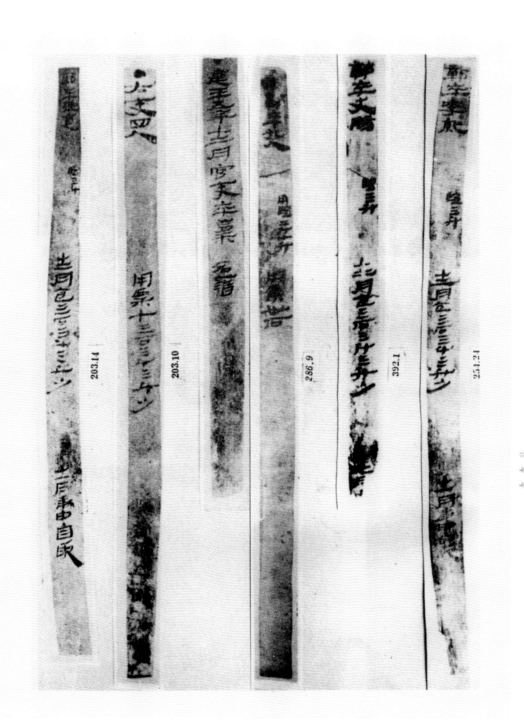

203.14 203.10 286.9 392.1 251.21

3-1-2

居延汉简戍卒配给盐粮账籍（一）

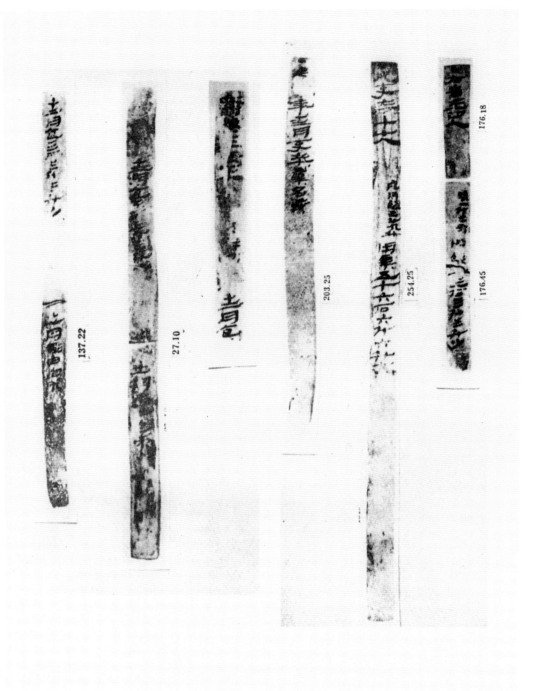

137.22　　27.10　　203.25　　254.25　　176.18　176.45

3-1-3

居延汉简戍卒配给盐粮账籍（二）

大车取代辘轳滑车

自战国李冰穿凿广都盐井至唐五代，已经历几世纪之久，但川蜀地区盐井却仍处于比较原始的大口浅井阶段。这类盐井具有口径大、土石方量大的共同特点，而且开凿时必须使用锹铲类工具，因此工程量浩大辛苦、开采时间长。

隋朝统一南北，为盐业的发展创造了良好的外部条件。自隋文帝至唐前期所实行的宽松的政策，使盐产区的面积和生产规模不断扩大，生产方式和技术较前代有所提高。

隋唐五代时期，为了加固井身，井的结构采取"上下宽，中间窄"的"杖鼓腰"式；且除上部装置木质井壁外，下部再设一"小婴口"，以防止井壁塌方，并增加卤水渗出。这在钻井与治井工艺方面显然已有相当难度。

与此同时，汲卤设施方面也相应有所改善。汉代画像砖中的垂直吊桶取卤方式十分费力，不能适用于深井。因此，人们使用人畜转动的绞盘车取代建于井口的滑车或辘轳。车轴垂直于地面，车轮轮辐较大，轮缠长绳，绳外端系牛皮囊，由人畜牵挽推动，汲取卤水。绞车在井盐生产上的使用，有益于生产效率的提高。《太平寰宇记》卷八十五剑南道陵州贵平县有唱车庙"以其山近盐井，闻推车唱歌之声为名。今盐井推辘轳，皆唱为号令"。该盐井即平井，其"推车"虽称辘轳，实则为绞车。而据《益州记》记载，平井在南朝齐梁间，"一日一夜，收盐四石"，到唐朝时仍然是年产600余石的较大盐井。绞车的使用不但较井架取卤更加方便高效，还解决了这类大口深井取卤难的问题。

沈括《梦溪笔谈》卷十三："旧自井底用柏木为干，上出井口；自木干垂绠而下，方能至水，井侧设大车绞之。"

縛繩汲井故同下井則在施

竹筒尾安

3-1-4

汲卤

煮盐技术的发展

海水煮盐技术

　　煮海水为盐是古代沿海地区最原始的制盐工艺，经过多年实践，及至两汉时期，扬州和两淮地区的煎盐技术已十分成熟，并逐步形成一套实用的生产工艺流程：刈草于荡，烧灰于场，晒灰淋卤，归卤于池，煎盐于鐅。

　　当时的盐灶前低后高，以便火力能达到灶的尾部。灶上共置五口盐锅，估计前两口锅用于煎盐，后面三口锅用于预热卤水蒸发水分，以节约燃料。制盐燃料一般采用木柴，在灶前，有一人添柴拨火，以保证盐生产的正常进行。

引蕩刈草圖

天然气的使用

战国末年，秦孝文王派遣李冰作为蜀郡太守，李冰率领当地民众开凿盐井。在钻井的过程中，地底的天然气溢出遇火燃烧，并且引起了大火——第一口火井就这样诞生了。

世界上最早利用火井天然气的文字记载是西汉文学家扬雄的《蜀王本纪》："临邛有火井一所，纵广五尺，深六十余丈……井上煮盐。"临邛火井是我国最早也是世界上最早创建的一批天然气井之一，它说明我国在蜀汉时期就已使用天然气作为燃料生产食盐，也体现了魏晋

3-2-2

炭火煮盐

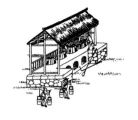

时期盐业生产技术的进步。三国时期，诸葛亮就曾亲自视察过火井并改进了技术，在井周围筑起数十台灶炉，用竹筒导气，引井火煮盐，进而使盐产量倍增，火井因此更加兴旺发达。西晋张华《博物志》中也有相关记载："临邛火井一所，纵广五尺，深二三丈，井在县南百里。昔时人以竹木投以取火，诸葛丞相往视之，后火转盛热，以盆盖井上，煮盐得盐，人以家火即灭。"可见，川蜀地区在三国时的制盐技术就已经有很大发展了。

3-2-3

井火煮盐

传说，蜀吴联盟之际，蜀国特送四川特产——蜀锦来表示友好，而孙权因对四川了解太少，以为蜀汉缺盐，就派使臣张温送去两担盐。蜀国著名的谋士秦宓见了，十分生气地让人抬上来200担井盐，还让县令陪张温参观了临邛火井。工厂里热气腾腾，一口口大锅依次摆开，锅内的卤水滚滚地开着。张温十分好奇为何锅下面没有柴火，仅有几根管子，便问那是什么？陪同的官员告诉他："那是地底下冒出的可以燃烧的气，叫作地气，这套工艺叫作火井煮盐。"

　　天然气的使用提高了盐的产量，使一斛水从家火煮之成盐二三斗达到成盐四五斗，增加约一倍，大大促进了盐业生产技术的提高。隋唐时期，人们改进了"火井煮盐"技术，在火井输送天然气的管道上，把原来的竹制管道改为石制管道或陶管，当地人称之为"火槽子"。火槽子比前代的天然气管道取材更加方便，经久耐用。如今，在南宝镇一户乡民屋后的堡坎边上，依然能看到一截两三尺长的陶制天然气管道，它证明了在过去的年代，这里的民众曾普遍把天然气当作日常能源。

　　《华阳国志》："井有二水，取井火煮之，一斛水得五斗盐；家火煮之，得无几也。"

盐井数量增多

魏晋南北朝时期，盐井数量有所增加，这在一定程度上反映了凿井技术的发展水平。其中许多盐井都是在河流附近发现和开采的。如《水经注》记载："左则汤溪水注之，水源出县北六百余里上庸界，南流历之县，翼带盐井一百所，巴川资以自给。"这一方面说明河流附近更容易有自然盐泉露头，容易发现和开采盐卤；另一方面，说明人们对盐卤的蕴藏规律有了更深的认识。

魏晋南北朝以后，盐井数量进一步增加。史料记载多处产地均有盐井数十所，有的甚至上百所。《华阳国志》曾记载广都县有小井数十所，《水经注》卷三十三载胸忍县汤溪水"翼带盐井一百所"。这不仅体现了魏晋南北朝时期，盐井数量有了大幅增加，而且盐井生产技术也得到了重大发展。

《蜀都赋》："巴西充国县有盐井数十。"

井深增加与单井产量增长

唐代，盐井开凿技术有了很大提高，越来越多的地方开始开凿盐井。除四川外，云南的食盐生产也由利用自然盐泉发展到凿井采卤。据《云南志》卷七所载，"安宁城中皆有石盐井，深八十尺。城外又有四井，劝百姓自煎"。同时，在云南泸南（今大姚）、剑川、丽江等地都已开凿盐井，采卤制盐。

而地层深处卤水的开采和井盐业的发展，也大大促进了井深的增加和单井产量的迅速增长。陵州盐井在开凿时"直下五百七十尺，透两重大石，方及咸泉"。陵州的盐井自井口至20余丈深为容易垮塌的泥岩，故采用梗南木四面锁叠的方法来加固井壁，以保证盐井的安全和卤水生产的正常进行。据《元和郡县志》记载，唐代陵州的陵井已深达80丈，合今制248.8米，富世盐井亦深达250尺，合今制约78米。可见，盐井开凿技术的发展促进了食盐生产向更深的地方探索。

　　唐代时井深的增加使得单井产量大增，仅富世盐井就"月出盐三千六百六十石"。另外，从陵州盐井一所产量，换算成钱有2061贯，占陵州十州盐课总数的四分之一。从这些数据来看，其规模与总产量也相当大。

刺土成盐法

　　煎盐法是古代海盐制造沿用时间最久的主流工艺，唐代海盐生产技术仍然处于煮制阶段，但在海盐取卤的生产技艺上较前代有了更大改进。刺土成盐产生于隋唐五代时期，《太平寰宇记》卷二十四言因卤泽所在，"海潮浸荡，久成咸土"，故才能"以土煮盐，多收其利"。不过"以土煮盐"当然不能直接用土煎煮，而是采用一种间接取卤的方式，这就是上文所说的"刺土成盐法"，也叫作刮咸淋卤法。

3-4-1

海卤煎盐·【明】·宋应星《天工开物》

刮壤 选择好海滩咸地或盐田，为了使土质疏松以便吸收海潮中的盐分，需要在使用前，像修整农田一样对盐田进行修整。必须在天气晴朗、盐地干燥时，才可用人力或畜力牵引刺刀，把海滨之地富含盐分的泥土刮松。

聚溜 "经宿，铺草籍地，复牵爬车"，将所刺土堆聚于草上成"溜"。即将刮松的咸土堆积在铺垫好的茅草之上，使之成为有规矩的土墩（土溜）。

沥卤 先于卤溜底侧，挖好淋渗卤水的"卤井"，中间用芦管将卤井与卤溜连通。再由妇女和少年将海水从卤溜上方缓缓浇下，使其中的盐分分解出来，卤水经茅席过滤后流入挖于溜侧的卤井。

验卤 虽然采用此种方式获得的卤水已经具备了较高的浓度，但在使用前还要经过验卤的环节。起初检验方法较为简单，将饭粒放入水中，如饭粒漂浮，此卤水即是纯卤。中唐以后，逐渐用石莲子取代米粒，这两种办法都是根据液体比重辨析浓度，后者能大致确定卤水含盐比例而沿用至今。

煎煮 验卤之后就进入了海盐生产的最后一道工序——煎煮。根据《太平寰宇记》记载，其中还要经过输卤入漕、装盘煎煮、石灰封盘、皂角结盐、收盐伏火等一系列环节。当时煎盐采用一种叫作"盘"的器具，实际上这是一种煎盐的锅，通常用铁制作，广袤数丈。而煎盐时放入的皂角则用于促进盐水的饱和，加速食盐的结晶过程。

《太平寰宇记》："取石莲子十枚，尝其厚薄。全浮者全收盐，半浮者半收盐，三莲以下浮者则卤未堪。"

垦畦营种法

唐代以前，池盐基本都是经过太阳暴晒，自然结晶的天然产品，无需人工制取。相传在五帝时代中国就有了池盐的生产。自汉代起，发明了盐田，由自然产盐到开畦引水，水干成盐，以收其池盐。南北朝时，人工制取池盐已见雏形。唐代，池盐的生产技术有了突破性的飞跃，盐工采用并完善了垦畦营种法。

这种方法是在盐池边开垦盐田，营建水畦，然后将盐池内的天然咸水灌入畦内，利用自然气候的吹晒蒸发水分，制取食盐。这种池盐质量较高，是一种颗粒较大的白色晶体，被称为畦盐。

建畦 在盐田中挖沟作畦，盐田的形状如平田或梯田。在盐厂中，有纵横交错的田畦，畦与畦之间是集聚咸卤的坑渠，九畦构成一个"井"形，十井又有引灌咸水的大沟，沟有排水的流路，在灌卤导流时以闸门来控制。

引卤 将盐池咸水导入畦内。

蒸晒 使导入畦内的咸水在烈日暴晒下蒸发水分，不断增加浓度，结晶成盐。需要注意的是，由于卤水中富含硫酸钠，因此成盐还需要依赖季候风的吹拂。原因是畦内卤水已经蒸晒达到饱和浓度，在南风的吹拂下，氯化钠遇热结晶，才生成盐粒；反之，遇北风，卤水中的氯化钠遇冷结晶，化成芒硝，使氯化钠无法结晶成盐。

垦畦营种法的应用，促进了唐代池盐生产的发展，使池盐年产量达到 80 万担以上。同时，这种方法开创了制盐史上人工垦畦、天日晒盐的先河，走在当时世界晒盐技术的前列，不仅为后世所沿用，而且对今日盐业仍有重要影响。

▶

3-4-2

"咸通九年"盐台（一）

【法门寺地宫博物馆珍藏】

"厨神"詹王的典故

据说，隋文帝在开国初期，食遍山珍海味以致腻烦，食之无味。一天，皇帝召见了御厨詹王。皇帝说："到底天下什么东西的味道最美？"忠厚老实的詹厨师以为不管什么佳肴都离不得盐，于是如实回答道："盐的味道最美！"但皇帝却认为盐是最普通的东西，便觉得詹王是奚落他不懂饮食之道，便下令将詹厨师斩首。

詹厨被杀，御膳房的其他厨师都吓得不轻，怕犯欺君之罪掉脑袋，便不敢在菜肴中加盐调味。皇帝接连十多天都吃无盐的饭菜，虽是山珍海味却也索然无味，而且出现了全身无力、精神萎靡不振的现象。经御医诊断，才发现皇帝的病是因为不吃盐引起的。隋文帝这才醒悟过来，明白詹厨师的话是对的，便决定追封詹厨师为王，还规定在詹厨师被杀的忌日即八月十三日，让老百姓祭祀。

詹王的遭遇让我们惋惜感慨，而这一传说不仅反映了烹制菜肴用盐调味的重要性，同时也说明了盐对人体的重要性。

3-4-3

"咸通九年"盐台（二）

【法门寺地宫博物馆珍藏】

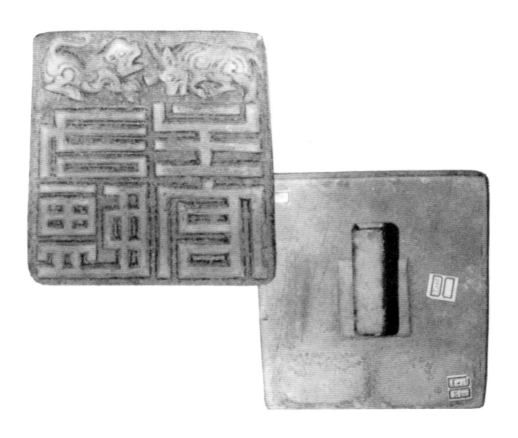

3-4-4

盐印·山东掖县出土

引潮工程和晒盐技术 · YINCHAOGONGCHENG HE SHAIYANJISHU

顿钻法的发明 · DUNZUANFA DE FAMING

垦畦成盐变自然成盐 · KENQICHENGYAN BIAN ZIRANCHENGYAN

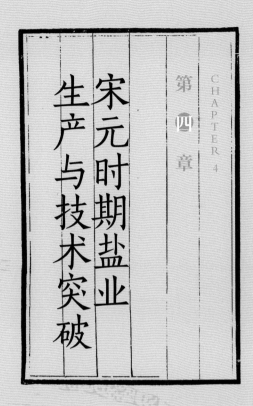

CHAPTER 4

第四章

宋元时期盐业
生产与技术突破

自公元 960 年赵匡胤发动陈桥兵变建立宋朝，至 1368 年元朝被朱元璋推翻，此期间的 408 年是为宋元时期。这段时间，国家发展进入相对稳定时期，农业发展带动了经济繁荣，进而促进了科学技术进步和手工业发展，为盐业生产技术进步和盐业发展奠定了良好的物质基础。

宋代盐业生产技术包括煎制和晒制两大类。煎制有海盐、井盐和土盐，统称为"末盐"；晒制主要为池盐，也称"颗盐"。除人工制盐外，宋代还有天然的岩盐以及不定时自行结晶的池盐。宋代盐业生产技术的进步集中表现在海盐和井盐的生产之中。而元朝政府十分重视盐的生产，而且生产规模很大，技术也有所进步，主要有海盐（末盐）、池盐（颗盐）、井盐三类。

4-0-1

两淮盐运使司衙门

4-0-2

解盐·【宋】·《证类本草》（上）

海盐·【宋】·《证类本草》（下）

4-0-3

皇放商盐颂碑拓片·【宋】

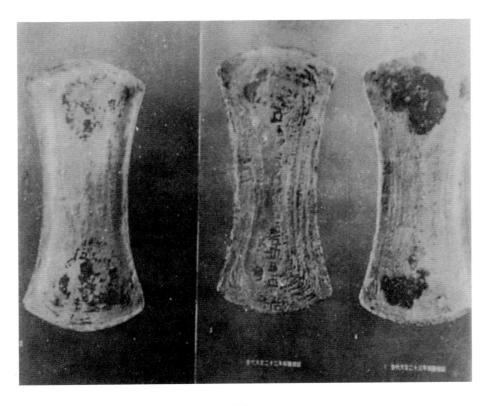

4-0-4

解盐铤 ·【金】

说明 《金史·食货志》载："泰和三年（1203年）二月，'以解盐司使治本州，以副使治安邑'。"1974年陕西临潼出土的12笏银铤，錾刻有"解盐使司""分治使司""盐判"等铭文，是为近代中期解盐使司另设分司之佐证。

引潮工程和晒盐技术

"煮海成盐"技术改良

宋元时期，海盐制造技术在捍海引潮工程设施、取卤制卤技术和验卤方法等方面做出了改良。南宋孝光时人程大昌指出："今盐已成卤水者，暴烈日中，数日即成方印，洁白可爱；初小，渐大，或数十印累累相连。"可见，当时在东南沿海已有采用海水晒盐的尝试。海盐在元代盐业生产中也同样占有重要的地位。元代海盐的生产主要是"煮海而后成"的煮盐方法，但同时也出现了"晒曝成盐"的晒盐方法。

根据《熬波图》记载，当时的海盐生产包括建造房屋、开辟滩场、引纳海潮、浇淋取卤、煎炼成盐等工序。建造房屋、开辟滩场是为了引潮而进行的基本建设，这些基本设施建成后，才能开始生产海盐。引纳海潮、浇淋取卤、煎炼成盐是海盐生产的主要流程。引纳海潮作为海盐生产的前期准备，将海水引入港湾以用作制卤的原料，人工引潮是宋元时期海盐生产技术的一大创举。

▶

4-1-1

"煮海成盐"技术改良步骤图·【元】·陈椿《熬波图》

① 海潮浸灌
② 淋灰取卤
③ 上卤煎盐

① 海潮浸灌

② 淋灰取滷

③ 入鍋煎鹽

虽然晒盐法南宋时已出现在福建，但自元代才开始在较大范围内应用。世祖至元二十九年（1292年），江西已开始晒盐。成宗大德五年（1301年），福建运司所辖 10 场就有 6 场采用晒制，晒盐已占很大比重。当时晒盐生产的前两道工序引纳海潮、浇淋取卤均与煮盐法相同，但在卤水加工成盐工艺上，则"全凭日色晒曝成盐，色与净砂无异，名曰砂盐"。晒盐法与煎盐法相比，是制盐工艺的一大进步，但在元代仍未大范围推广。

《熬波图》及其主要价值

　　元代《熬波图》是中国现存最早系统描绘"煮海成盐"设备和工艺流程的一部专著。作者陈椿曾在松江华亭县下砂场任职，熟悉当地盐业生产的情况。《熬波图》共有图52幅，每幅附有文字说明和诗歌题咏，表现了煮盐生产的全过程。

4-1-2

陈椿·【元】·下沙盐场监司

陈椿（1293—1335 年），浙江天台人，元代下沙盐场监司。他任下沙盐场监司期间，根据前人所作旧图增补而成《熬波图》。

朱自清先生曾在《熬波图》（载 1927 年《小说月报》第 18 卷第 2 号）一文中称：《熬波图》有"政治的、学术的、艺术的"三大价值。笔者以为，陈椿《熬波图》有历史、现实、文学、科技四大价值。

从历史价值看，《熬波图》为中国现存第一部海盐生产专著。首先《熬波图》完整地记录了海盐生产流程。《四库全书总目提要》云："《熬波图》……自'各团灶座'至'起运散盐'，为图四十有七。图各有说，后系以诗。凡晒灰打卤之方，运薪试莲之细，纤悉毕具。"其次《熬波图》以图配说附诗"三位一体"的著述方式，这既是陈椿匠心所独创，又是中国古代介绍海盐制作过程的最完整的作品。

从现实价值看，《熬波图》最精华部分就是其始终关心盐民疾苦的"民本"思想。陈椿虽曾为元代下砂盐场监司，但位卑未敢忘忧民。其《熬波图》图中诗里，字里行间，处处流露出悯民思想。陈椿《熬波图》著述的目的就是"悯民资政"："将使后人知煎盐之法，工役之劳"。

从文学价值看，《熬波图》是最早全面反映盐民生活劳作的"史诗"。从《熬波图》的图咏诗歌看，完全是现实主义的艺术创作手法。盐诗有反映盐场基本建设的（《起盖灶舍》《开河通海》等）、有反映盐场生产劳作的（《车水耕平》《海潮浸灌》）、有反映盐场盐民劳作生活的（《卖盐妇》）。可以说《熬波图》的图咏诗歌是中国最早全面反映盐民生活劳作的"史诗"。

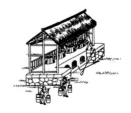

从科技价值看，《熬波图》是古代科技的结晶，对后世产生了深远影响。除编入明《永乐大典》、清《四库全书》外，近代罗振玉陆续编印了三种版本的《熬波图》。河北海盐博物馆还制作了动漫《熬波图》，用水墨淡彩风格绘制的二维动漫"熬波图"，采用动感手段，生动再现了元代海盐制作工艺，增强了感染力和吸引力，成为陈列展览的亮点，并荣获"第三届中国文化遗产动漫大赛"精品佳作奖。上海浦东新区南汇新场镇农民画家徐琴虎再绘壁画《熬波图》，全长110米，震撼了所有游客。

　　陈椿《熬波图序》："将使后人知煎盐之法，工役之劳，而垂于无穷也……有意于爱民者，将有感于斯《图》，必能出长策，以苏民力。于国家之治政，未必无小补云。"

盐

顿钻法的发明

卓筒井的诞生及意义

北宋初年,社会趋于稳定,经济繁荣带来了人口的急剧增长,由此产生了对食盐的大量需求。据《文献通考》提供的 604 井盐产数字合计,宋初四川盐产量还不足 800 万斤。大口井生产能力的衰退造成政府税收的减少和食盐的短缺,加上人口的迅速增长,必然造成"食盐不足"的矛盾,由盐荒引发的战争此起彼伏。社会的动乱引起了宋政府的注意,仁宗时对盐业政策进行了重新调整。减轻了政府对盐业生产的束缚,使封建政权对盐业生产的严格控制得以暂时放松。这些都为卓筒井的出现创造了良好的社会条件。

在人口剧增、食盐产量下降的现实背景下,唯有"开源"才能根本解决这一问题,但前代的大口井开凿技术已经不能适应当时的经济发展水平,大口井最大的开凿深度不过二百多米,而在长期开采的情况下,浅层卤水已经逐渐枯竭。因此,当时人们便想办法开采埋藏在地表深处的卤水。

四川是食盐生产的发源地之一,其盐业生产技术一直在中国盐业发展史上具有重要地位。北宋庆历年间(1041—1048 年),四川人民在继承汉唐以来大口径浅井某些成功经验的基础上,结合四川盐卤资源埋藏浅则浓度低、埋藏深则浓度高的特点,发明了冲击式(顿钻)凿井法,凿出了一种新型盐井——卓筒井,取得了具有划时代意义的突破。

4-2-1

卓筒井汲卤

卓筒井的开凿技艺和采集工艺是很先进的。概括地说，其先进性表现在三个方面：其一，冲击式顿钻凿井法的发明，使用钻头即"园刃"凿盐井。这是世界技术史上首次使用钻头来钻井的案例。其二，由于井越来越深，地下淡水不断地渗入井筒里面，为了避免渗水，人们就发明了一种叫"木竹"的东西。将巨竹去节，首尾相衔接成套管，插入井中，以防止亘壁沙石入坠和周围淡水的浸入。这种套管隔水法在世界技术史上也属首创。其三，用小于井径的竹筒作为汲卤容器，中间的竹节全都通透，用绳子系住竹筒的一端，将熟皮置于筒底，构成单向阀装置。筒入水时，水激皮张而水入；筒起时，水压皮闭而水不泄。一次可采卤水数斗。

四川的井盐生产在蒙古对南宋的战争中遭到很大的破坏。元代统一后，逐渐有所恢复。据元代中期统计，"为井凡九十有五，在成都、夔府、重庆、叙南、嘉定、顺庆、潼川、绍庆等路万山之间"。元代后期，四川民间往往私开盐井。"襄、汉流民，聚居宋之绍熙府故地，至数千户，私开盐井，自相部署"。

卓筒井工艺技术的出现，堪称中国古代继"四大发明"之后的第五大发明，是我国钻探技术发展道路上的里程碑，使钻探技术跨入一个崭新的阶段；它的推广和应用，促进了宋代四川井盐业生产的蓬勃发展，同时也为我国石油、天然气的开发开辟了道路，使人类开采地下丰富的矿藏成为可能。

《耶州直隶州志》卷四十四中，傅调作诗说："示相征蛮路天纲，遗爱词竹低人面。拂石滑马人行迟，业空青史仁声尚。口碑荒凉火井县。"

蜀省井盐 · 【明】 · 宋应星《天工开物》

4-2-3

下石圈 · 【明】· 宋应星《天工开物》

凿井·【明】·宋应星《天工开物》

4-2-5

下木竹 · 【明】· 宋应星《天工开物》

汲卤·【明】·宋应星《天工开物》

顿钻法的原理

宋代卓筒井使用了一种不同于大口井的全新的钻进方法，即冲击式（顿钻）凿井法。在大口井时期，盐井采用人力挖掘、开凿而成。由劳动者手持锄、锸、凿等简单的铁制工具直接在井内挖掘和破碎岩石，然后将岩石、泥沙运出井口，这样逐步加深，直至挖到盐卤为止。这种开凿方法不仅费时费力，而且开凿人员的安全极易受到威胁。

宋代卓筒井利用钻头的势能和向下垂直运动的动能所产生的冲击力，来冲击和破碎岩石，并通过这种方式达到地层深处。机械钻井的特点是劳动者不直接在井下作业，在较大口径钻井时期，顿钻法拥有可操作性强、安全性高的优势。

另外，宋代卓筒井在采用圆刃钻凿过程中，钻进一定深度后必须抬起钻头捞出岩屑、泥沙等杂物。采用与汲卤时类似的简易提升装置（这里叫搊泥筒）将钻进过程中产生的岩屑、泥沙提上井口，以保证卓筒井钻进的正常进行。

在钻进过程中，渗入井中的地下水（无水渗入则灌入水）与钻出的岩屑、泥沙形成泥水。当搊泥筒放入井内接触泥水时，井内泥水对筒底皮钱产生的压力迫使皮钱向内张开，泥水进入筒内；搊泥筒提起时，井下泥水对筒底的压力消失，相反，筒内泥水在重力作用下对皮钱产生压力使皮钱向下运动，皮钱因受筒壁凸出部的阻碍而关闭，使泥水不漏。以上便是搊泥筒提出岩屑、泥沙的工作原理。

　　池盐也是元代重要的盐业生产之一。元代出产池盐的地方很多，均集中在北方，如上都（今内蒙古正蓝旗境内）周围自然形成的盐池，兴和路昌州之东的"狗泊"盐池，以及辽宁的"硬盐"和宁夏的韦红盐等。其中以河东解州盐池最为重要。

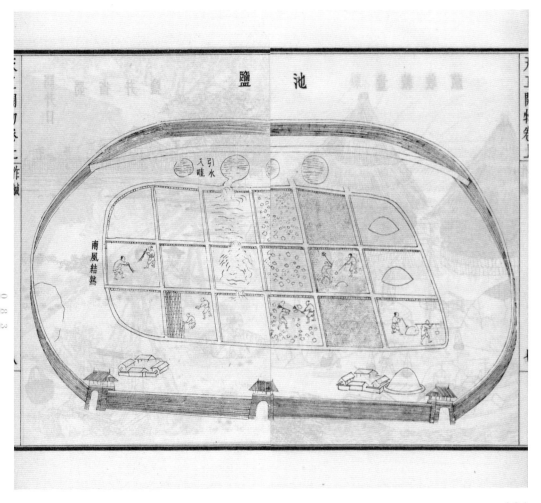

4-3-1

池盐场·【明】·宋应星《天工开物》

唐代以来，解池采用垦畦成盐，人工种晒的方法制盐，即在盐池周围开辟畦子，将池中的卤水导入畦中，利用日光和风力蒸晒成盐，使盐的产量和质量都得到了很大提高。

元代池盐制法则有所改变，将垦畦成盐改为自然成盐，"不烦人力而自成，非若青齐沧瀛淮浙濒海牢盆煎煮之劳及蜀井穿凿之艰也"。即听任其在池中凝结，然后捞取，自然成盐虽然没有煎煮海盐、穿凿盐井那般辛苦，但却导致盐质下降，致使"解盐味苦"，影响民食。自然成盐法实际较畦晒法落后，到了明代又恢复了畦晒法。

4-3-2

布灰种盐·【明】·宋应星《天工开物》

佈灰種鹽

潮墩

日中掃鹽

先日撒灰

钻井技术臻于成熟·ZUANJINGJISHU DE CHENGSHU

海盐晒制技术推广·HAIYANSHAIZHI JISHUTUIGUANG

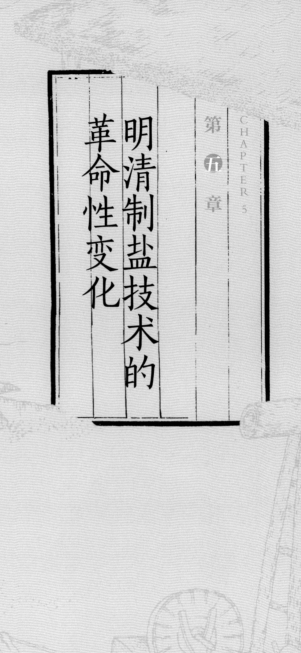

第五章 CHAPTER 5

明清制盐技术的革命性变化

明代盐业，主要有海盐、池盐和井盐。海盐生产在明代盐业生产体系中居于主导性地位，主要为沿海各府、州、县汲取海水制卤煎炼、晒制所成之盐。明代盐业生产技术取得了较大发展，井盐钻井工艺也出现了明显的突破。这种突破主要体现在凿井的程式化、固井技术的提高以及治井技术的初步发展，为清代井盐钻井工艺的完善奠定了基础。

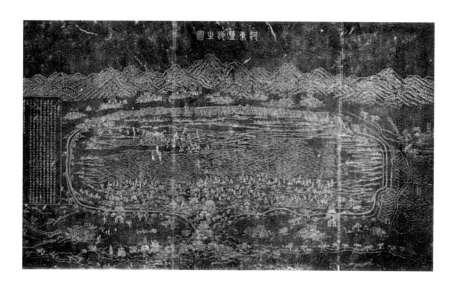

5-0-1

万历《南岸采盐图》·（上）

明正德八年盐钞银·（下）

清代的统治，自顺治元年（1644 年）入主中原到宣统三年（1911 年）被民国取代，前后经历了 267 年。为了缓和民族矛盾和阶级矛盾，同时为了解决"赋税不充"造成的财政困难，清代提出了一系列有利于经济恢复和发展的措施。到康熙年间，盐业生产逐渐恢复，不仅盐产销量逐渐增长，制盐技术也日渐成熟。

　　清代盐业的制盐方法，海盐有煎有晒，池盐皆晒，井盐皆煎。盐业生产技术与明代相比有了很大的发展，主要体现为四川井盐钻井技术的成熟和海盐区晒盐法的广泛推广。

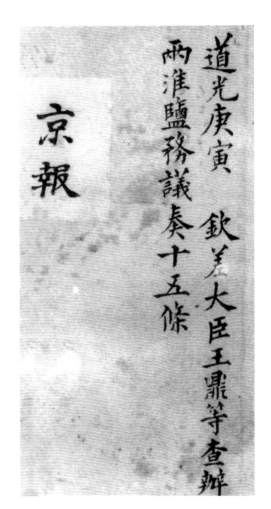

5-0-2

王鼎陶澍等人进奏的
《两淮盐务章程》封面

王鼎 寶興 陶澍

一、□□□□兩淮鹽務督有外支加頁辦公等款在料則有帶征為文武衙門公費並一切善後辛工役食□費

御覽

呈

謹將擬定兩淮鹽務章程十五條恭

5-0-3

王鼎陶澍等人进奏的《两淮盐务章程》首页

说明 道光十年（1830 年），清廷令两淮盐务归两江总督管理，陶澍受命于淮北试行"废引改票"改革，颁《试行票盐章程》，力图破解两大积弊："一由成本积渐成多，一由藉官行私过甚"。

5-0-4

清代淮所过掣·（上）

清代引盐渡黄图·（下）

5-0-5

汉沽盐场坨地放销与装车情况 · （上）

清代王静庵等人佃井合约 · （下）

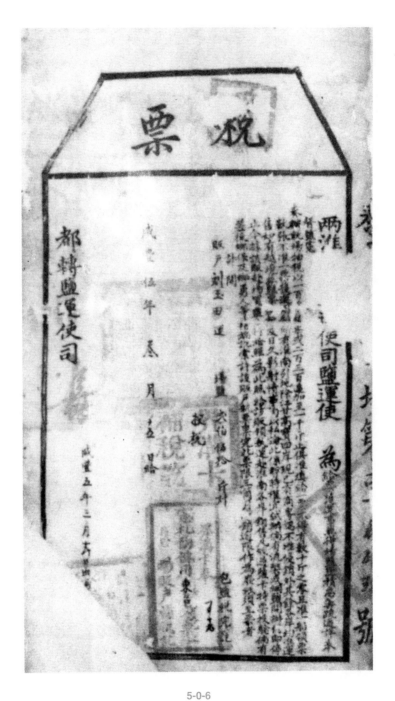

5-0-6

清代贩户刘玉田盐税票

钻井技术臻于成熟

　　明中叶以后，以宋代卓筒井为代表的中国古代井盐钻井技术，经历了明清两代几个世纪的发展，到 19 世纪初在四川自贡地区臻于成熟，这种成熟的井盐钻井技术直到 19 世纪中叶仍走在世界前列。

5-1-1

万井维新（清·《雍乾之际井盐产销画卷》）·（上）

井养不穷（清·《雍乾之际井盐产销画卷》）·（下）

5-1-2

水火既济（清·《雍乾之际井盐产销画卷》）·（上）

民说无疆（清·《雍乾之际井盐产销画卷》）·（下）

凿井工艺的程序化

明清钻井工艺发展的标志，是凿井的程序化。大致可分为定井位、下石圈、凿大口、搯泥、下木桩和凿小口六道工序。

定井位 定井位由经验丰富的井匠负责，井位多选在"两河夹岸，山形险急的沙势处"。古代工匠利用出露地表的盐卤及天然气来判断卤、气的分布位置以确定井位。在自贡地区，黄卤井的井位一般定在有黄砂石露面的地区；黑卤井的井位挑选在黄砂石上面笼罩着一层黑壳，并出现裂纹或鱼纹的地区。此外，井位一般定在山边，而不定在山顶和过峡处。

下石圈 下石圈的目的是为了加固表层泥岩，防止垮塌，以利于盐井的钻进。首先开井口，按地形将井基铲高填平，为凿井修建平坝，挖井打大口。大口挖好后，再将预制好的石圈下入挖好的坑内，层层垒叠，构成井筒。石圈外方内圆，从明代大窝钻头和三台地区保存的古代盐井来推测，石圈内径大约为 8 寸，边长约 60 厘米。

▶

5-1-3

初开井口（清·丁宝桢《四川盐法志 井盐图说》）·（上）

下石圈（清·丁宝桢《四川盐法志 井盐图说》）·（下）

凿大口（清·丁宝桢《四川盐法志 井盐图说》）·（上）
搧泥（清·丁宝桢《四川盐法志 井盐图说》）·（下）

　　凿大口　石圈下好后，就在井场安置碓架和大车等凿井、提升设备。然后将蒲扇锉吊在碓板上，用人力捣碓凿大口。大口即需下如套管的上部井眼。捣碓时，由数人在碓板上用力蹬踩，带动锉头一上一下冲击井底破碎岩石，使井逐渐加深。凿大口的钻头——蒲扇锉凿到一定深度时，便提起锉头，换泥筒入井搧泥，将凿出的泥沙吸入筒内提出井外。

　　搧泥　搧泥筒由小于井径的竹筒制成，筒底悬一块熟牛皮构成单向阀（俗称"皮钱"）。当搧泥筒向下放到井底时，井底泥浆的上张力冲开阀门，泥沙进入筒内；当搧泥筒向上提升时，筒内泥浆的压力将阀门关闭，从而巧妙地将岩屑和泥浆提出井口。利用同一原理制成的汲卤筒，开采卤水有近千年历史。

下木桩　改进卓筒井技术中的套管技术。木桩用圆木从中剖开制成，再一节节连接，下入大口内作成套管，以封隔浅层淡水和疏松易塌地层。

▶

下木桩（清·丁宝桢《四川盐法志 井盐图说》）·（上）
凿小口（清·丁宝桢《四川盐法志 井盐图说》）·（下）

凿小口　凿小口是凿井过程中耗时最长的一道工序。开井口到下木桩的工程只需数月，但凿小口则需几年，甚至十几年方能凿成。凿小口的方法与凿大口相同。凿小口的钻头一般以银锭锉为主，亦可根据岩层情况选用马蹄锉或垫根子锉。银锭锉是凿小口的基本锉，优点是钻进速度快，但凿出的井眼不太规则圆滑，凡遇这种情况就需换用马蹄锉或垫根子锉处理；马蹄锉因形似马蹄而得名，最大的特点是能使井眼规则圆滑，因此多用于纠正斜井、处理井壁不光滑或井身不圆等情况，但马蹄锉钻进速度慢，故正常钻进时很少使用；垫根子锉既像银锭锉，又像马蹄锉，综合了两者的优点，钻井时进度既快，又能保证井眼规则、垂直和圆滑。故凿小口时通常与银锭锉交替使用。

固井技术提高与井身结构改进

钻井工艺的突破之一还有固井技术的提高和井身结构的改进。明清采用石圈和木竹固井，盐井在上部用石圈和木竹加固松软地层和隔绝淡水，下部为裸眼。这种井身结构，突破了宋代卓筒井采用楠竹作套管所受到的局限，不仅有利于防止井身坍塌，还使盐井大小可以根据生产的需要进行设计。是明清时期钻井工艺水平提高的体现。

固井质量的核心问题之一是套管柱的强度问题。在古代盐井中，井内套管柱所承受的外力主要有由套管柱本身重量引起的拉力和地层外挤力两种。由于地层淡水的渗透，使套管必须承受套管外液柱压力引起的外挤力，如果发生井壁垮塌，还会增加对套管的外挤力。明代盐井套管柱长达90余米，比宋代卓筒井的套管柱长度增加约三倍，因此，套管柱所承受的拉力和外挤力相应增加，这就需要选择一种强度比楠竹高的材料来做套管。

在盐井的钻凿实践中，古代劳动人民采用石料和圆木成功地解决了开凿深井必须解决的新型固井材料问题，体现了伟大的创造力。

首先，用石料打成外方内圆的石圈，再层层垒叠构成石质套管。这种套管既不变形又具有较高的强度，能成功地封隔上部不稳定的松软地层。同时，还能排除上部松软地层对木套管的外挤力，起到保护木套管的作用。

其次，木竹一般采用松木或柏木等坚硬、耐腐的材料，制作时视井径大小将圆木剖为两半，"挖空如竹，合而束之"，"以麻合其缝，以油灰衅其隙"。采用圆木作固井材料，不仅增强了套管的强度，而且解决了盐井的大小受楠竹套管大小限制的问题。明代固井不但在主要材料上进行了革新，而且还应用了一种新型辅助材料——油灰。油灰是由桐油和石灰混合后，用碓舂绒制成的。用它涂于木竹表面，可进一步增强套管的强度和抗腐蚀能力。

　　最后，在固井中，为了有效地隔绝淡水，在木竹末有一大麻头。麻头使用麻和油灰等材料，用麻把油灰固定在木竹最下端，下入大窍底，通过油灰把木竹和岩石紧密地粘合在一起，从而达到隔绝淡水的目的。

　　明清时期的固井新材料——石圈、木竹和油灰的应用，使固井质量明显提高；井身结构的改进，使盐井更加有利于生产发展的需要。从此以后，采用石圈、木竹和油灰固井成为一种定型的固井方法，并一直沿袭到民国时期。

应运而生的修治井技术

在钻井过程中难免发生事故，因此，修治井技术就成为处理事故，保证盐卤、天然气井顺利凿成的关键。明清时期钻井技术趋于成熟的表现之一，便是拥有一整套完整的修治井技术。其中，自贡井盐业修治井技术堪称中国古代钻井技术的精华，主要包括补腔、纠正井斜、打捞、修治木桩和淘井等工艺。

补腔　古代钻井，除在井的表层下有几十至一百多米的套管外，其余井段均为裸露井段，经常发生塌岩和淡水渗透事故，堵塞井眼或天然气裂缝，因而妨碍钻井和生产的进行。补腔便是先用楠木做成的发口壳子放入井内探测垮塌岩层的位置，再在井壁加上桐油石灰等材料以防止淡水渗入或修补坍塌岩层。这种独特技术对堵塞井下淡水相当有效，是中国古代钻井工艺中的重要部分，可保证盐、气井裸眼的开凿得以顺利进行。

纠正井斜　在凿井过程中，经常会出现井斜的情况，最佳的预防方法便是每天测井一次。测井时，将样筒（圆形竹筒）慢慢放至测定深度，如果能顺利放至井底，则表明井身光滑垂直；如果不能放至井底，则说明井已弯斜。纠正井斜的办法则是在弯斜位置填硬碎石块、竹或木签，再用马蹄锉扎上扶正器慢慢凿下，便能将弯斜部分纠正。之后，再用样筒测量，以保证井身垂直。

▶

5-1-6

川北蓬溪县大英乡保留之卓筒井

5-1-7

川北蓬溪县大英乡保留之卓筒井口

四川省大宁河岸架设输卤笕管古迹

　　打捞 在钻井过程中，也会遇上钻具掉入井内，落篾、落锉和卡锉等意外情况，故能否使用适当的工具将落物从井内打捞起来，便成了钻井成败的关键。打捞技术由此应运而生。至19世纪，自贡盐场的打捞工具已经发展到数十种。这些运用竹、木、麻、铁等材料制成的工具，如偏肩取锉、提须打捞落篾、三股须打捞落筒等，能巧妙地把落入井中的物件打捞起来。

明清煮盐产业的发展

明代盐业生产处于政府严密控制之下，盐场灶户均被编入灶籍，处于盐场的管理之中。每个盐场设盐大使 1 名，负责督理全场盐的生产和盐课的完纳。明代制盐生产资料都属于国家所有，灶户只有使用权。滩地、盐地、盐井、畦地、灰场（或称盐田、盐埂）等制盐场所和原料，以及供应煮盐燃料的草荡"皆属之官，自有界限，例禁不得开耕买卖"；制盐的生产工具盘铁、锅镬之类，亦"皆有运库发帑为之……锈蚀则重给之"，不许违制增减。

进入清代，在经过顺治、康熙年间的恢复之后，盐业有了较大发展，销量逐渐增长。清顺治三年（1646 年），盐年销量为 330 余万引，顺治十二年（1655 年）首次突破 400 万引，最高年销量为 477 万引。顺治年间（1644—1661 年）大部分盐区每引盐的载盐量为 200 斤，若加上卤耗、包索、酬商、割没等名目，顺治年间的年销量估计在 8 亿~12 亿斤左右。康熙年间（1662—1722 年），年销量则在 400 万~500 万引左右。

清代盐业制盐方法，海盐有煎有晒，池盐皆晒，井盐皆煎。清代盐业产区，在内地划分为长芦、奉天、山东、两淮、浙江、福建、广东、四川、云南、河东、陕甘 11 区。其中，四川、云南为井盐，河东、陕甘为池盐，其余均为海盐。

▶

5-1-9

清代淮南"土池蓄卤"·（上）

清代淮南"煎灶烟红"图·（下）

清初，清政府为遏制灶丁逃亡，颁布了两项政令，一是不准灶丁投充旗下，二是不准灶丁充当胥役。凡是有灶户投充旗下和灶丁充当各衙门胥役者，一概退出，"回场煎办盐斤"。与此同时，政府采取多项措施修复盐场设备。淮南盐场到康熙二十四年（1685 年）时，已修复亭场 5528 面，灶房 12444 间，卤池 6102 口，盘铁 119 角，锅𫗦 4452 口。其他盐场也采取相应措施修复了盐场设备。

▶

5-1-10

清代淮南煎丁场牌·（上）

清代淮南煮盐锅𫗦·（下）

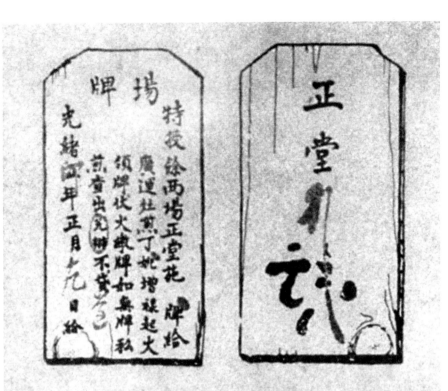

海盐晒制技术推广

明代海盐晒制技术

15 世纪，由于"海势东迁"，海水中的盐份降低，由此加大了对燃料的需求，传统海盐业出现了难以维系的危机。但原有的濒海草荡地也因"海势东迁"的影响，大部分都被开垦为熟田地。这样一来，燃料来源便成了海盐熬制的最大困难，海盐生产开始从传统煎盐法向晒盐制法发展。

福建早在宋元时期就出现了海盐晒制技术，据《元典章》载，福建运司"所辖十场，除煎四场外，晒盐六场，所办课全凭日色晒曝成盐。色与净砂无异，名曰砂盐"。可见，最迟在元代就有了官方认可的晒盐方法。

至明代，福建依然采用晒盐法，有"埕晒盐法"。方法是等退潮后，各家犁取海泥聚于坵阜。在坎地挖广七八尺，深四五尺的溜池，池下挖溜井。池底留一洞和井相连，洞内塞柴草，再将土踩在外面。到风和日丽的时候，将海泥暴晒至极干后，搬到池中，用海水浇淋暴晒后的海泥，水由小洞渗进溜井。再将泥渣取出，重新放置新泥，用井中水浇淋。反复如此，盐卤便制成了。将一个地方作为坵盘，在坵盘上放上瓷片，分成畦塍。再将井中水运来倾注盘中，受烈日暴晒。

《天工开物》提及扬州晒盐法即"大晒盐"，"又淮场地面有日晒自然生霜如马牙者，谓之大晒盐"。

宋子曰天有五氣是生五味潤下作鹹王訪箕子而首聞

其義焉口之于味也辛酸甘苦經年絕一無恙獨食鹽禁

戒旬日則縛雞勝匹倦怠懨然豈非天一生水而此味爲

生人生氣之源哉四海之中五服而外爲蔬爲穀皆有寂

滅之鄉而斥鹵則巧生以待孰知其所已然

鹽産

凡鹽産最不一海池井土崖砂石暑分六種而東夷樹葉

西戎光明不與焉赤縣之內海鹵居十之八而其二爲井

池土鹻或假人力或由天造總之一經舟車窵瓮則造物

應付出焉

海水鹽

凡海水自具鹹質海濱地高者名潮墩下者名草蕩地皆

産鹽同一海鹵傳神而取法則異一法高堰地潮汐不設

者地可種鹽種戶各有區畫經界不相侵越度詰朝無雨

5-2-1

《天工开物》书影

明代淮北各场也采用"溜井"构造取卤晒盐，8~10小时即可成盐，不使用柴薪，省时省力。在两浙、广东地区，盐卤晒盐技术也开始出现。在上述南方地区晒盐技术发展的同时，北方的长芦、山东盐区也开始出现了晒盐法。北方的晒盐法主要有"掘井取卤晒盐法"和"挖池取卤晒盐法"。"掘井取卤晒盐法"和南方的"溜井"构造取卤晒盐法相比，有明显的不同。"掘井取卤晒盐法"将卤井凿于卤台中央，汲取井水，逐层放晒，最后于第五圈成卤。再放入晒盐池曝晒成盐。而"挖池取卤晒盐法"则是一种充分利用太阳光蒸发水分，完成取卤、成盐全过程的晒盐技术。[1]

明代晒盐技术的出现和在淮北、长芦、山东、福建、浙江、广东等地的推广，形成并确立了传统煎盐技术向晒盐技术转化的趋势。这无疑是盐业生产技术发展史上的划时代进步，有力地推动了海盐生产的发展。

清代海盐晒制技术

利用太阳能量的晒盐法，虽然不可避免地受到阴雨天气的影响，盐的产量有时难以保证，但晒盐法的成本要比煎盐法低得多。清代，随着煎盐燃料价格的上涨，不断有盐场改煎为晒。乾隆四十三年（1778年）原系煎制的漳湾场、淳管场、鉴江场改煎为晒。乾隆五十七年（1792年），广东电茂、博茂、茂晖、双思四场首先改煎为晒。随后，多数盐场"皆易煎以晒，改熟为生矣"。长芦、山东盐区，在道光（1821—1850年）以后，也都改煎为晒。

1. 北方晒盐技术

随着晒盐法的推广，南北技术开始分化，广东、福建等盐区依旧采用明代的淋卤晒盐，而长芦、山东等盐区则直接引入海水，分池晒

① 钟长永 . 中国盐业历史 [M]. 成都：四川人民出版社，2001：100-101.

盐。其中，长芦主要采用沟滩晒法，山东则采用沟滩晒法和井滩晒法，这些方法都是直接取海水或井卤分圈、分池晒卤、晒盐。分池晒盐技术取代了明代以"溜井"构造取卤的思路，在海盐制盐工艺上取得了明显进步。[1]

2. 板晒制盐技术

乾隆末、嘉庆初，即18世纪90年代，浙江盐区发明了板晒法。这种方法是将卤水注于板上，用"板"晒盐，故称板晒。晒盐所用的板是木料做的，形状像门板，四周围上木框来盛放卤水。板有大小两种：大板长九尺八寸五分，宽二尺九寸，深一寸五分；小板长七尺四寸，宽三尺，深一寸。

板晒制盐，是在天气晴朗的时候，在晒场上陈列晒板，从早上六点开始在各个板上倾注卤水，一直晒到中午盐结晶。盛夏烈日炎炎，为了使盐量更多，要再加一半卤水。到下午四五点，一人用盐耙集盐，一人则用盐铲将盐铲入筐中，全部放入礁缸，以使苦卤下坠。卤有浓淡之分，大概四至七月等温度极高时，为产盐最旺期，若冬季气候失时，可能五六天才得一斤或十两。

盐板晒盐既节约燃料又降低了成本，适合浙江短晴多雨的气候，因此得到迅速推广。自乾隆年间（1736—1795年）在浙江岱山、余姚等地兴起后，松江府属各场也相继改为板晒，并扩大到淮南吕四场。据同治十一年（1872年）调查，仅岱山晒板就达到19万块，可见发展十分迅速。

《清盐法志》："板晒之法，俟天晴日，陈列各板于场，自上午六时起，逐板注卤，就日光晒之，晒至日中，盐已结晶。"

① 钟长永．中国盐业历史 [M]．成都：四川人民出版社，2001：133．

第六章

CHAPTER 6

近现代制盐技术

民国时期制盐技术

精盐制造工艺的出现

民国时期，以山东通益、永裕精盐公司和久大公司等为代表的近代盐业企业开始采用科学方法生产精盐，各公司出产精盐的工艺各异。

通益公司 将粗盐放入化盐池内溶化，使之成为饱和溶液。

第一步，经滤水池滤去泥沙后送到卤水池，用抽水机抽送到卤水柜；第二步，用铁管将其依次输送到各厂的预热釜和蒸发釜中。用火蒸发卤水，即结晶成盐；第三步，用铁耙将这些盐耙至一处，用盐铲将其捞出，堆积于湿盐堆积仓中，将湿盐堆积仓中的盐放入烘干池中烘干，用筛盐机筛去盐块，其细者即为精盐。

通益精盐一度取得辉煌业绩，跻身全国精盐生产前列，但在当时的时代背景下，免不了屡受冲击，惨淡经营。直到日寇入侵，在内外因素的夹击之下，终于无法支撑，黯然倒闭了。一个显赫一时的民族工业品牌，就此消失在了历史的长河中。

永裕公司 则采用 3 种方法制造精盐。

一是开口锅制盐法。 这种方法是将粗盐放入溶化池内溶化成卤。再放入澄清池内澄清泥沙，用电力提卤，通过铁管将卤灌入开口锅，用火力煎熬，当盐结晶时，将其移入烘干处烘干，即成精盐。

二是粉碎洗涤法。 将粗盐放到洗涤机内的盆形容器中，用电力转动容器，使粗盐由底向上翻，器中卤水从盆两旁的水管溢出，洗涤完毕，将盐移存于盐仓内。最后用辘轳盐机把这些盐碾碎，则为粉碎洗涤盐。

三是真空罐制盐法。 首先将 3 个真空罐连接在一起，用唧筒将第一个真空罐内的空气抽尽，用钢管将卤水输入罐内，再用导管将蒸汽罐内的蒸汽输入。此时因真空罐内的空气已经抽尽，压力减少，盐卤

沸点降低，所以卤水在低温中结出精盐。这些盐可从罐底中间的一个孔取出来。然后将罐内蒸汽依次输入第二个和第三个罐内，使罐内卤水沸腾，结成精盐。最后，将蒸汽送入凝结器中，使之凝结为蒸馏水。

上述精盐公司采用的方法，其生产效率比传统制盐业大幅度提高。传统的制盐方法如两浙的板晒盐，八口之家有盐板一百块，年产盐却仅三万斤；而用机器制造精盐，只要工人八十多名，便可年产十万担。同时精盐的氯化钠含量一般都在90%以上，达到当时的一级盐标准，并明显优于晒盐和当时质量较好的富荣等场的煎盐。精盐生产的出现，推动了盐业生产技术的改进。

6-1-1

民国年间富荣场运盐橹船之景况

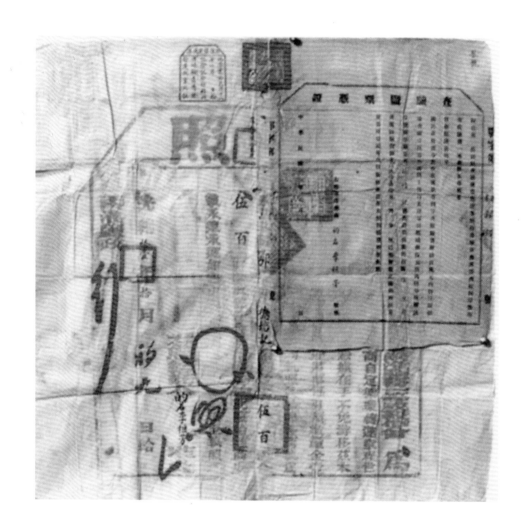

6-1-2

清末民初盐商李桓芳运盐执照及其查验凭证

6-1-3

民国九年东台东兴盐垦公司股票

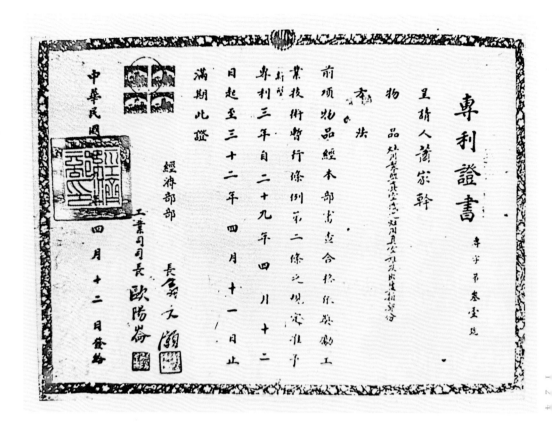

6-1-4

民国经济部工业司颁发制盐技术专利证书

传统盐业生产技术的进步

传统盐业生产技术进步，主要表现在四川井盐业生产技术改进上，包括采用蒸汽机车、电动机车采卤，机器钻井和真空制盐的创办等。

1. 机车采卤的应用

早在清光绪初年，四川井盐就有采用蒸汽动力和机械以提高制盐产量的倡议。1902 年前后，欧阳显荣等试制成第一部立式蒸汽汲卤机车，在四川自流井、石星井试用，并初告成功。随后，几经改进，成功地用于采汲卤水。民国初期，蒸汽机车采卤在自贡盐场得到了迅速发展。到 1919 年，自贡盐场采用蒸汽机车的盐井就达 37 眼之多。而 1917 年，周九华改用卧式蒸汽机车，加大了蒸汽磅力，进一步提高了卤水产量，经济效益更加明显。1939 年，蒸汽动力已成为自贡盐场采卤的主要动力，基本上取代了畜力，当时，全盐场每月产卤五十余万担，出自蒸汽机车汲卤的有百分之八十以上。

牛车推卤·（上）

机车推卤·（下）

　　而黄黑卤井因产量小不宜采用蒸汽机车汲卤，电动机车采卤便得到了相应发展。1941 年 11 月，自贡凉高山利成井首先改用电动机车推汲卤水并获得成功。随后，除自贡盐场大量使用电动机车汲卤外，犍为场还有 68 眼井、乐山场有 94 眼井也使用电动机车。

　　电力机车和蒸汽机车的广泛使用，不仅促进了四川盐业的发展，还促进了与它们相配套的一些生产设备的改进：推水篾索改为钢绳，传统的竹制汲卤筒逐步改为镔铁筒。同时，还出现了一些为提供配套服务的小规模机器工业，如自贡盐场的修配厂、翻砂厂和小型炼钢厂等，促进了近代机器工业的发展。

　　与此同时，各地还保留了一些传统制盐方法，如下图所描述的云南地区柴煎筒盐、人工筑筒盐等。

6-1-6

云南柴煎筒盐灶·（上）

云南人工筑筒盐·（下）

2. 机械钻井发展历程

井盐业中机车采卤的推广，强烈地震撼着旧的生产观念和传统的生产方式。使一些有识之士认识到了传统工艺和机器生产的差距，试图对传统钻井工艺进行改进，将蒸汽机车用于钻井。

民国初，自贡盐场王氏家族曾尝试用蒸汽机车开凿昌福井，取得了初步的成功。

1923 年，自贡盐商李敬才引进美制钻机钻凿盐井，在自流井大坟堡鼎鑫井开钻，共钻进 427 米，但因发生火灾将机器烧坏，使首次机器钻井归于失败。此次机器钻井尽管半途而废，但却迈出了改革传统钻井工艺的第一步。

1935 年，李任坚又将美制顿钻钻机修复，用于钻凿自流井龙兴井，先后共钻达 817 米。

1937 年，犍乐两场采卤制盐股份有限公司向重庆白理洋行订购美制顿钻钻机一套，在五通桥钻凿盐井，但连钻 3 井均告失败。

1941 年，永利化学工业公司制碱厂在五通桥再次钻凿盐井。这次钻井虽然在钻井过程中"屡经机件修配之困难"，但整个钻进过程却较为顺利，至 1942 年 9 月 28 日钻到 1021 米，见黑卤，深井钻探初告成功；以后又继续钻进，最终深度达 1207 米。除钻到黑卤外，还钻出天然气和少量石油，这是我国采用机器顿钻钻成的第一口盐井。

1943 年，四川油矿探勘处钻井队还在隆昌圣灯山，用旋转钻井机械钻成一口天然气、卤水兼产井。随后，隆昌组设隆圣企业公司利用这口井生产食盐。1946 年 7 月，该厂建成投产，采用平锅制盐，年产盐 7 万余担。

　　机械钻井经历了一代代人艰苦卓绝的探索，终于成形并逐渐走向成熟，四川隆昌圣灯山盐井标志着我国首次采用旋转钻机钻成盐井并投入使用，它的钻成和投产为改进传统井盐生产技术做出了贡献。

▶

6-1-7

清代自贡盐区 "A" 形采卤井架——天车

3. 真空制盐技术

伴随着钻井和采卤技术的进步，四川制盐生产技术也在逐步发展。特别是抗日战争爆发后，由于国民党政府放松了对川盐的限制，使得制盐生产技术的改革乘机而起，枝条架、塔炉灶、废汽制盐等制盐新工艺相继出现，真空制盐也应运而生。

1940年，肖家干在实验成功"灶用制盐真空机"的基础上，在自贡贡井创办宏原公司，采用真空制盐装置，试验真空制盐。当时的真空制盐程序是：首先将卤水放入预热锅内加热，待卤水"煮沸"后即加入豆浆除去杂质；然后经过滤池过滤，再引入真空罐中蒸发，蒸汽升入罐顶曲颈形气管内，另从一管注入冷水使蒸汽凝缩液化流出，盐则结晶附于罐内的四周；最后，用输晶刷将盐刷下，盐便制成。

1942年，真空制盐试制成功，"计产盐二千二百九十五斤，耗煤一千八百斤"。也就是成盐1斤，仅耗煤8两，在当时较普通煎盐节省燃料一半以上；而且真空制盐能够迅速成盐、减少人工、盐质较普通火炭盐稍佳。宏原公司真空制盐初告成功后，由于种种原因没有正式投入生产。尽管如此，它却迈出了井盐业真空制盐的第一步，为制盐生产技术的发展探索了一条新的道路。

6-1-8

真空制盐装置

新中国成立以来的技术变革

1949 年 10 月 1 日，中华人民共和国宣告成立，开启了当代盐业发展史。我国盐资源十分丰富，但在新中国成立以前，盐业生产长期受封建主义、帝国主义和官僚资本的控制掠夺，加上长期战争的影响，生产发展十分缓慢。由于运输不便，一方面产区存盐积压，另一方面销区供应紧张，盐税负担沉重，走私漏税盛行。而盐商囤积居奇，市场盐价飞涨。

新中国成立后，中央对全国盐务工作提出了明确的方针。首先，恢复了产盐集中、便于管理、成本低、质量高、运输便利的盐场。其次，调整生产方针，鼓励私人投资民营盐滩、井、灶，并由政府帮助其改进经营方法。再次，由国家拨出专款修复必要的生产设施。第四，在新中国成立前各解放区公营或机关部队所办制盐企业，以及没收官僚资本经营盐场的基础上建立起一批国营盐场，构成新中国国营盐场的主体。

▶

6-2-1

福建东山西港盐场藻垫蒸发池 · （上）

山东青岛东风盐场 · （中）

天津塘沽盐场塘 –20 收盐机收盐作业 · （下）

食盐精细化和食盐加碘

1986 年，轻工业部提出了 1987 年全国人民直接入口的食用盐全部为精细盐的要求。随后，各盐区加紧进行了落实。经过 50 年的发展，盐及盐化工产品逐年增加。20 世纪 70 年代和 80 年代初，在海、湖盐区发展了以精细盐、保健医药盐、调味盐、特需用盐为主要系列的多品种的加工盐生产，生产能力达 280 万吨，产量约 200 万吨。

到 1987 年年底累计已形成加工盐 281.66 万吨的生产能力。其中，精制盐 52.8 万吨，粉洗精盐 11 万吨，粉碎洗涤盐 152.86 万吨，洗涤盐 65 万吨。到 1997 年为止，食盐品种已达 30 多种，以精制加碘盐为主，包括海、湖加工盐和井矿盐在内的各种精细盐产量达 700 多万吨，占食盐总量的 99% 以上，基本实现了入口食盐精细化。

1977 年，碘盐的加工供应工作更新提上议事日程。1979 年 12 月 21 日，国务院批准并发行了《食盐加碘防治地方性甲状腺肿暂行办法》，还强调地方性甲状腺肿是一种发病人数比较多，发病地区比较广，危害较大的地方病。这种病不仅危害病区群众身体健康，更为严重的是影响到下一代的生长发育。只要病区群众坚持食用碘，就能够控制和消灭这种疾病。

为了实现我国 2000 年消除碘缺乏病的目标，20 世纪 90 年代以来，加碘盐的生产和供应工作发展迅速，碘盐产量由 1990 年的 300 万吨发展到目前的 800 余万吨，为我国实现消除碘缺乏病的目标提供了保证，使我国消除碘缺乏病工作取得了显著进展。

同时，考虑到我国病区范围广，交通运输条件不同，国家采取了产地集中加碘和销区中转枢纽加碘相结合的办法，以保证病区对碘盐的要求。同时，因碘酸钾加工碘盐能取得更好的防病效果，从 1989 年开始，在全国推行以碘酸钾取代碘化钾加工碘盐。到 1990 年，全国碘盐供应量达到 313.68 万吨，比 1979 年增长了一倍。基本上实现了"哪里划定为病区，就把加碘食盐供应到哪里"的要求。

在党和政府的重视和支持下，经过盐行业的艰苦努力，到 1998年年底，我国已形成 800 余万吨的碘盐加工能力，食盐加碘全部实现机械化，碘盐生产、销售及质量都跃上了一个新的水平，对促进我国社会经济发展起到了重要作用。

6-2-2

内蒙古吉兰泰盐场采盐船

6-2-3

青海茶卡盐场采盐船采盐作业·（上）

联合收盐机组·（下）

6-2-4

斗轮堆坨机·（上）

双臂堆坨机·（下）

发展盐化工生产

新中国成立以来，在食盐种类不断增加的同时，盐及盐化工产品的质量也逐步提高，涌现了一大批优质产品。盐的氯化钠含量已由新中国成立初的85%提高到95%以上，主要化学指标和物理指标都较新中国成立初期有较大改善，工业盐大部分达到或超过国家优级品标准。到1990年，全国已有56种盐及盐化工产品获国优、部优称号。其中，自贡贡井盐场自流井牌精制盐、汉沽盐场长城牌精制盐获国家银牌奖，有22种精制盐获部、省优质产品奖；获部优、省优质产品奖的工业盐有27个；化工产品有4种获国优、28种获部优称号。

十一届三中全会以来，盐行业加强了内部产业结构调整，坚持"以盐为主、盐化并举、多种经营"的发展方针，逐步摆脱传统盐业单一产盐的思想束缚。大力发展盐化工、海水养殖、盐田生物工程，开展多种经营，这逐步改变了过去单纯产盐的盐业内部产业结构，使盐业产业结构发展为具有制盐、盐加工、盐化工、水产养殖、盐田生物及多种经营等组成的多层次产业。

6-2-5

盐化工生产基地

此外，盐业大中型企业还加大了改革力度，已有云南、江苏等省按现代企业制度组建了产销一体化的集团，形成规模经济。重庆索特、内蒙古吉兰泰盐场等企业对其他产品跨行业实施了兼并，取得了明显的成效。在我国盐化工的主要生产基地——四川，逐步形成了溴、钾、镁三大系列产品。

随着国民经济的发展，盐不仅是人民生活的必需品，而且已成为重要的生产资料。特别是两碱工业的发展，使盐的消费结构发生了根本性的改变。食盐比重由新中国成立初的88.93%下降到1989年的48.40%，而工业用盐比重已由新中国成立初的6.15%上升到1989年的49.47%。此外，通过食盐加碘，盐业还为防治地方病、消除碘缺乏病做出了重大贡献。

[1] 郭正忠 . 中国盐业史（古代编）[M]. 北京：人民出版社，1997.

[2] 丁长清，唐仁粤 . 中国盐业史（近代当代编）[M]. 北京：人民出版社，1997.

[3] 唐仁粤 . 中国盐业史（地方编）[M]. 北京：人民出版社，1997.

[4] 钟长永 . 中国盐业历史 [M]. 成都：四川人民出版社，2001.

[5] 宋良曦，林建宇，黄健，等 . 中国盐业史辞典 [M]. 上海：上海辞书出版社，2010.

[6] 王自立 . 扬州盐业史话 [M]. 扬州：广陵书社，2013.

后记
Epilogue

作为一种生活必需品，盐不仅是人类孜孜以求的一种食物，也体现了传统文化演进的历史特质。换言之，盐既是一种物质载体，更是一种文化载体。几千年来，盐不断融合传统社会文化与生活习俗，形成了积淀深厚、独具魅力的盐文化，包括生产活动、技术、制度以及衍生的精神。从精神和价值层面看，盐文化蕴含了传统农耕文化的安土重迁、吃苦耐劳、朴实仗义、安于现状以及海洋商业文化的注重开拓、个体奋斗、流动性等特性，并在长期生存过程中呈现出不同地域的独特风貌。

在一种文化中寻找其"原色"及其演进历程是透视、解析传统文化形态的重要途径，也是提高当代中国文化自信的重要手段。由于历史和现实原因造成的文化遮蔽，盐文化一直存在着非显性和碎片化的外在表征，缺乏应有的影响力，这就需要对盐文化进行系统的整理、挖掘和提升工作，赋予盐文化在物质和精神层面上的可显示性，为传播和开发提供理论和经验支持。

进入新时代，建设文化强国战略为弘扬盐文化提供了千载难逢的机遇，也使如何创新盐文化成为一个时代命题。基于此，一是要加强物质留存的保护与开发，从科技角度深入发掘盐文化的历史价值；二是要深入挖掘中国盐文化蕴含的丰富精神内涵，在全球化和现代化背景下合理定位其坐标；三是通过吸收吐纳，寻求盐文化在新时代的恰当表达，以期在全球文化竞争与对话交流中张扬其现代价值，助力民族复兴事业。